国家骨干高职院校建设成果·计算机项目化系列教材

Web应用系统设计

亢华爱 主编　　张海建 马东波 副主编

清华大学出版社
北京

内 容 简 介

在基于 Java 的 Web 应用系统开发中，J2EE 的 SSH（即 Struts、Spring 和 Hibernate）架构是当前的主流技术。本书以人事管理系统的开发为主线，分别介绍 SSH 的理论基础并且使用 SSH 来构建简单的 Web 应用系统。本书的第 1、2 章介绍 Java Web 开发基础和开发环境的搭建；第 3～5 章介绍 Struts 2 框架及其应用；第 6～8 章介绍 Hibernate 框架及其应用；第 9、10 章介绍 Spring 框架及其应用；第 11 章是整合 Struts 2、Hibernate、Spring 框架的综合应用；第 12 章给出人事管理系统中证件信息管理模块的需求、概要设计说明、详细设计说明等信息，作为最后的实训环节的依据。

本书适合 Java Web 开发技术的初学者使用，也可作为高等职业技术院校计算机专业的教材，还可作为自学参考资料。

本书封面贴有清华大学出版社防伪标签，无标签者不得销售。
版权所有，侵权必究。侵权举报电话：010-62782989　13701121933

图书在版编目（CIP）数据

Web 应用系统设计/亢华爱主编. —北京：清华大学出版社，2013.2
（国家骨干高职院校建设成果. 计算机项目化系列教材）
ISBN 978-7-302-31109-6

Ⅰ. ①W… Ⅱ. ①亢… Ⅲ. ①网页制作工具—高等职业教育—教材　Ⅳ. ①TP393.092

中国版本图书馆 CIP 数据核字（2012）第 308681 号

责任编辑：刘翰鹏
封面设计：何凤霞
责任校对：李　梅
责任印制：宋　林

出版发行：清华大学出版社
　　　　　网　　址：http://www.tup.com.cn，http://www.wqbook.com
　　　　　地　　址：北京清华大学学研大厦 A 座　　　邮　编：100084
　　　　　社 总 机：010-62770175　　　　　　　　　 邮　购：010-62786544
　　　　　投稿与读者服务：010-62776969，c-service@tup.tsinghua.edu.cn
　　　　　质 量 反 馈：010-62772015，zhiliang@tup.tsinghua.edu.cn
　　　　　课 件 下 载：http://www.tup.com.cn，010-62795764
印 刷 者：清华大学印刷厂
装 订 者：三河市新茂装订有限公司
经　　销：全国新华书店
开　　本：185mm×260mm　　　印　张：13.5　　　字　数：308 千字
版　　次：2013 年 2 月第 1 版　　　　　　　　　　印　次：2013 年 2 月第 1 次印刷
印　　数：1～3000
定　　价：27.00 元

产品编号：047693-01

前 言
FOREWORD

  J2EE 技术自产生以来得到了广泛的应用和认可。随着技术的演变，J2EE 技术平台已经日趋成熟，成为当今电子商务平台开发的最佳解决方案。在 J2EE 技术中，使用 Struts＋Hibernate＋Spring 进行整合开发被越来越多的开发者使用。

  本书的主要内容是讲解 Struts 2、Hibernate、Spring 框架技术的理论基础与简单的 Web 应用。对于每个框架，先介绍它的技术基本概念和基础知识，然后再提供具体的示例项目来展示这个框架技术的使用方法，最后将这三个框架进行整合实现一个基于 Spring、Hibernate 和 Struts 2 的 Web 应用系统。

  本书共分 12 章，采用理论和实践结合的方式来讲解 Struts 2、Hibernate、Spring 框架技术。

  第 1 章对 Web 开发的基础理论、MVC 模式的设计思想和本书所采用的项目进行介绍。

  第 2 章对系统开发前需要做的前期准备进行介绍，包括运行环境和开发环境的搭建。

  第 3 章通过简单登录实例介绍如何开发 Struts 2 的简单应用程序。

  第 4 章介绍 Struts 2 的处理流程、Struts 2 的基本配置以及 Struts 2 的核心工作原理及配置文件的使用。

  第 5 章以人事管理系统中的职称类别管理模块为例，介绍如何进行 Struts 2 程序的开发。

  第 6 章介绍 Hibernate 的相关概念、持久化技术以及实现方法，对比不同持久化实现方法，以及介绍 Hibernate 的结构和接口作用。

  第 7 章通过实例的方式介绍如何应用 Hibernate 框架。

  第 8 章通过完成人事管理系统中的用户管理模块的开发来介绍 Struts 与 Hibernate 的集成应用。

  第 9 章先从 Spring 框架底层模型的角度描述该框架的功能，然后介绍 Spring 面向切面编程和控制反转容器。

  第 10 章以实例的方式演示控制反转、依赖注入和 Spring 持久化的应用。

  第 11 章整合 Struts 2、Hibernate、Spring 框架，开发人事管理系统中的部门管理模块。

　　第 12 章给出人事管理系统中证件信息管理模块的需求说明、概要设计说明、详细设计说明、Web 应用体系结构说明及证件信息管理模块的关键代码，以此作为最后实训环节的依据。

　　其中，第 1、9~12 章由亢华爱编写，第 2~5 章由张海建编写，第 6~8 章由马东波编写。全书由亢华爱统稿，王广峰审稿。由于时间仓促、水平有限，不当之处还望各位专家和读者批评指正。

编　者

2012 年 9 月

目录

CONTENTS

第 1 章　Web 应用程序开发基础 …………………………………………………… 1

1.1　Web 开发概述 ………………………………………………………………… 1
　　1.1.1　Web 技术的发展 ……………………………………………………… 1
　　1.1.2　静态 Web 和动态 Web 的区别与联系 ……………………………… 2
　　1.1.3　Web 应用系统的开发模式 …………………………………………… 3
　　1.1.4　Model 1 和 Model 2 …………………………………………………… 3
1.2　MVC 设计思想 ………………………………………………………………… 4
1.3　项目概述 ………………………………………………………………………… 6
小结 ……………………………………………………………………………………… 8
习题 ……………………………………………………………………………………… 8

第 2 章　搭建运行和开发环境 ……………………………………………………… 9

2.1　搭建运行环境 …………………………………………………………………… 9
　　2.1.1　下载并安装 JDK ……………………………………………………… 9
　　2.1.2　Java 环境变量的设置 ………………………………………………… 9
　　2.1.3　Tomcat 安装和配置 …………………………………………………… 10
2.2　搭建开发环境 …………………………………………………………………… 11
　　2.2.1　Eclipse 的安装 ………………………………………………………… 11
　　2.2.2　MyEclipse 插件的安装 ………………………………………………… 12
2.3　使用 MyEclipse 创建 Web 项目 ……………………………………………… 14
2.4　在开发环境中配置 Tomcat 服务器 …………………………………………… 18
小结 ……………………………………………………………………………………… 19

第 3 章　基于 Struts 2 的简单程序 … 20

3.1　Struts 概述 … 20
3.2　获取 Struts 2 … 21
3.3　基于 Struts 2 框架实现登录实例 … 21
3.3.1　创建一个新的 Web 项目 … 21
3.3.2　增加 Struts 2 支持 … 22
3.3.3　配置 web.xml 文件 … 23
3.3.4　从页面请求开始 … 24
3.3.5　部署 Struts 2 应用 … 26
3.3.6　实现控制器 … 28
3.3.7　改进控制器 … 31
小结 … 33
习题 … 33

第 4 章　Struts 2 体系 … 34

4.1　Struts 2 框架架构 … 34
4.2　Struts 2 的基本配置 … 35
4.2.1　配置 web.xml 文件 … 35
4.2.2　配置 Action 的 struts.xml 文件 … 36
4.2.3　配置 Struts 2 全局属性的 struts.properties 文件 … 38
4.3　Struts 2 的标签库 … 38
4.4　Struts 2 组件 … 39
4.4.1　Struts 2 的核心控制器：FilterDispatcher … 39
4.4.2　业务控制器 … 40
4.4.3　Struts 2 的模型组件 … 41
4.4.4　Struts 2 的视图组件 … 41
4.5　Struts 2 的配置文件 … 41
4.5.1　常量配置 … 41
4.5.2　包配置 … 42
4.5.3　命名空间配置 … 43
4.5.4　包含配置 … 44
4.5.5　拦截器配置 … 44
小结 … 45
习题 … 45

第 5 章　使用 Struts 2 框架开发人事管理系统——职称类别管理 … 49

5.1　数据库设计 … 49

5.2 功能分析 ··· 50
5.2.1 模块功能 ··· 50
5.2.2 功能描述 ··· 50
5.2.3 操作序列 ··· 51
5.3 职称类别管理模块通用部分的实现 ··· 53
5.3.1 工程结构 ··· 53
5.3.2 功能实现 ··· 53
5.4 职称类别添加功能的实现 ·· 58
5.5 职称类别列表显示功能的实现 ··· 66
5.6 职称类别修改功能的实现 ·· 71
5.7 职称类别删除功能的实现 ·· 75
小结 ··· 76
习题 ··· 77

第6章 Hibernate 框架技术 ··· 78
6.1 持久化技术 ··· 78
6.2 持久层技术 ··· 79
6.2.1 持久层的概念 ··· 79
6.2.2 持久层技术的实现 ··· 79
6.3 ORM 概述 ··· 80
6.3.1 什么是 ORM ··· 80
6.3.2 流行的 ORM 框架简介 ··· 80
6.4 Hibernate 体系结构 ··· 81
6.4.1 Hibernate 在应用程序中的位置 ··· 81
6.4.2 Hibernate 的体系结构 ··· 82
6.5 Hibernate 实体对象的生命周期 ··· 83
6.5.1 瞬态 ··· 83
6.5.2 持久态 ··· 84
6.5.3 游离态 ··· 84
6.5.4 实体对象的状态转换 ··· 85
6.6 Hibernate API 简介 ··· 85
6.6.1 Configuration 接口 ··· 85
6.6.2 SessionFactory 接口 ··· 86
6.6.3 Session 接口 ··· 86
6.6.4 Transaction 接口 ··· 87
6.6.5 Query 接口 ··· 87
6.6.6 Criteria 接口 ··· 87
小结 ··· 87

习题 ………………………………………………………………………………… 87

第 7 章 Hibernate 框架应用 ………………………………………………… 88

7.1　安装 Hibernate ……………………………………………………………… 88
7.2　Hibernate 在 MyEclipse 中的应用 …………………………………………… 88
  7.2.1　创建数据库 ………………………………………………………… 88
  7.2.2　配置环境 …………………………………………………………… 90
  7.2.3　配置数据库连接 …………………………………………………… 94
  7.2.4　开发持久化对象 …………………………………………………… 95
  7.2.5　编写映射文件 ……………………………………………………… 96
  7.2.6　编写业务逻辑 ……………………………………………………… 97
小结 ………………………………………………………………………………… 98
习题 ………………………………………………………………………………… 98

第 8 章 使用 Struts＋Hibernate 完成用户管理模块的开发 ……………… 99

8.1　数据库设计 …………………………………………………………………… 99
8.2　功能分析 ……………………………………………………………………… 100
8.3　配置环境 ……………………………………………………………………… 102
8.4　用户管理模块持久层设计 …………………………………………………… 105
8.5　用户添加功能的实现 ………………………………………………………… 107
8.6　用户列表显示功能的实现 …………………………………………………… 113
8.7　用户删除功能的实现 ………………………………………………………… 118
8.8　用户修改功能的实现 ………………………………………………………… 119
小结 ………………………………………………………………………………… 124
习题 ………………………………………………………………………………… 124

第 9 章 Spring 框架技术 ……………………………………………………… 125

9.1　Spring 框架简介 ……………………………………………………………… 125
9.2　Spring 核心思想 ……………………………………………………………… 127
  9.2.1　控制反转 …………………………………………………………… 127
  9.2.2　依赖注入 …………………………………………………………… 129
  9.2.3　面向切面编程 ……………………………………………………… 131
9.3　装配 bean ……………………………………………………………………… 133
  9.3.1　bean 的基本装配 …………………………………………………… 133
  9.3.2　bean 的其他特性 …………………………………………………… 134
小结 ………………………………………………………………………………… 135
习题 ………………………………………………………………………………… 135

第10章 Spring框架的应用 …………… 136

10.1 Spring的下载 …………… 136
10.2 Spring开发环境的配置 …………… 136
10.3 Spring控制反转应用 …………… 138
10.4 Spring依赖注入应用 …………… 140
10.5 Spring整合Hibernate的应用 …………… 143
小结 …………… 155
习题 …………… 155

第11章 使用Struts 2＋Hibernate＋Spring框架开发人事管理系统——部门管理模块 …………… 156

11.1 数据库设计 …………… 156
11.2 功能分析 …………… 157
11.2.1 模块功能 …………… 157
11.2.2 功能描述 …………… 157
11.2.3 操作序列 …………… 159
11.3 部门管理模块通用部分的实现 …………… 160
11.3.1 工程结构 …………… 160
11.3.2 在MyEclipse中新建Web工程 …………… 160
11.3.3 集成Struts 2、Spring和Hibernate框架 …………… 161
11.3.4 Hibernate持久层设计 …………… 163
11.3.5 DAO层设计 …………… 165
11.3.6 Service层设计 …………… 168
11.4 查看所有部门信息模块的实现 …………… 170
11.4.1 创建查看所有部门信息的控制器 …………… 170
11.4.2 创建显示所有部门信息的页面 …………… 171
11.4.3 查看所有部门信息控制器的配置 …………… 172
11.4.4 显示所有部门信息运行结果 …………… 172
11.5 查看部门详细信息模块的实现 …………… 173
11.5.1 创建查看部门详细信息的控制器 …………… 173
11.5.2 创建显示部门详细信息的页面 …………… 174
11.5.3 显示部门详细信息控制器的配置 …………… 175
11.5.4 显示部门详细信息运行结果 …………… 175
11.6 添加部门信息模块的实现 …………… 175
11.6.1 创建添加部门信息的页面 …………… 176
11.6.2 创建添加部门信息的控制器 …………… 176
11.6.3 配置添加部门信息的控制器 …………… 178

11.6.4　添加部门信息运行结果 …………………………………………… 178
　11.7　修改部门信息模块的实现 ………………………………………………… 179
　　　11.7.1　创建修改部门信息的页面 …………………………………………… 179
　　　11.7.2　创建修改部门信息的控制器 ………………………………………… 179
　　　11.7.3　修改部门信息控制器的配置 ………………………………………… 181
　　　11.7.4　修改部门信息运行结果 ……………………………………………… 181
　11.8　部门信息删除模块的实现 ………………………………………………… 181
　　　11.8.1　创建删除部门信息的控制器 ………………………………………… 182
　　　11.8.2　删除部门信息控制器的配置 ………………………………………… 182
　　　11.8.3　删除部门信息的运行结果 …………………………………………… 183
　小结 …………………………………………………………………………………… 183
　习题 …………………………………………………………………………………… 183

第 12 章　人事管理系统中证件信息管理模块的开发 ……………………………… 185

　12.1　项目简介 …………………………………………………………………… 185
　12.2　证件信息管理模块分析和设计 …………………………………………… 185
　　　12.2.1　证件信息管理模块的需求 …………………………………………… 185
　　　12.2.2　证件信息管理模块的概要设计 ……………………………………… 186
　　　12.2.3　证件信息管理模块的详细设计 ……………………………………… 187
　12.3　Web 应用体系结构 ………………………………………………………… 194
　　　12.3.1　表示层 …………………………………………………………………… 194
　　　12.3.2　持久层 …………………………………………………………………… 194
　　　12.3.3　业务层 …………………………………………………………………… 194
　　　12.3.4　域模型层 ………………………………………………………………… 195
　12.4　开发人事管理系统中的证件信息管理模块 ……………………………… 195
　　　12.4.1　域模型层的配置 ………………………………………………………… 195
　　　12.4.2　持久层的配置 …………………………………………………………… 197
　　　12.4.3　业务层的开发和配置 …………………………………………………… 198
　　　12.4.4　表示层的实现 …………………………………………………………… 200
　小结 …………………………………………………………………………………… 202
　习题 …………………………………………………………………………………… 202

参考文献 ………………………………………………………………………………… 204

第 1 章

Web应用程序开发基础

本章将对 Web 开发的基础理论、MVC 模式的设计思想和本书所采用的项目进行介绍。通过本章的学习,可以达到以下目标:
➢ 了解 Web 的发展过程;
➢ 了解 Web 开发的主要技术;
➢ 理解 MVC 设计思想。

1.1 Web 开发概述

1.1.1 Web 技术的发展

随着 Internet 技术的发展,Web 技术已经被广泛地应用于 Internet 上,但早期的 Web 应用全部是静态的 HTML 页面,可以将一些文本信息呈现给浏览者,但 HTML 页面中的内容是固定不变的,因此不具备与用户交互的能力,没有动态显示功能。

很自然地,人们希望 Web 应用中应该包含一些能动态执行的页面,最早的 CGI (Common Gateway Interface,通用网关接口)技术满足了该要求,CGI 技术使得 Web 应用可以与客户端浏览器交互,不再需要使用静态的 HTML 页面。利用 CGI 技术可以从数据库中读取信息,将这些信息呈现给用户;还可以获取用户的请求参数,并将这些参数保存到数据库中。

CGI 技术开启了动态 Web 应用的时代,给了这种技术无限的可能性。但 CGI 技术存在很多缺点,其中最大的缺点就是开发动态 Web 应用难度非常大,而且在性能等各方面也存在限制。至 1997 年,随着 Java 语言被广泛使用,Servlet 技术迅速成为动态 Web 应用的主要开发技术。相比传统的 CGI 应用而言,Servlet 具有很大的优势。

Servlet 在 Web 应用中被映射成一个 URL(Uniform Resource Locator,统一资源定位符),该 URL 可以被客户端浏览器请求,当用户向指定 URL 对应的 Servlet 发送请求时,该请求将被 Web 服务器接收到,由 Web 服务器负责处理多线程、网络通信等工作,而 Servlet 的内容则决定了服务器对客户端的响应内容。

到了 1998 年,微软发布了 ASP 2.0。它是 Windows NT 4 Option Pack 的一部分,作

为IIS 4.0的外接式附件。它与ASP 1.0的主要区别在于它的外部组件是可以初始化的,这样,ASP程序内部的所有组件都有了独立的内存空间,并且可以进行事务处理,这标志着ASP技术开始真正作为动态Web编程技术。

当ASP技术在世界上广泛流行时,人们很快感受到这种简单技术的魅力:ASP使用VBScript作为脚本语言,它的语法简单、开发效率非常高。而且,世界上已经有了非常多的Visual Basic程序员,这些Visual Basic程序员可以很轻易地过渡成为ASP程序员。因此,ASP技术迅速成为应用最广泛的动态Web开发技术。

随后,由Sun带领的Java阵营立即发布了JSP标准,从某种程度上来看,JSP是Java阵营为了对抗ASP推出的一种动态Web编程技术。

ASP和JSP的名称很相似,但它们的运行机制存在一些差别,这主要是因为VBScript是一种脚本语言,无须编译,而JSP使用Java作为脚本语句,但Java从来就不是解释型的脚本语言,因此JSP页面并不能立即执行。因此,JSP必须编译成Servlet,也就是说,JSP的实质还是Servlet。不过,编写JSP比编写Servlet要简单得多。

随着实际Web应用的使用越来越广泛,Web应用的规模也越来越大,开发人员发现动态Web应用的维护成本也越来越大,即使只需修改该页面的一个简单按钮文本,或者一段静态的文本内容,也不得不打开混杂的动态脚本页面源文件进行修改,这是一种很大的风险,完全有可能引入新的错误。

这时候,人们意识到,使用单纯的ASP或者JSP页面充当过多角色是相当失败的选择,这对于后期的维护相当不利。慢慢地开发人员开始在Web开发中使用MVC模式。

随后Java阵营发布了一套完整的企业开发规范:J2EE(现在已经更名为Java EE),紧跟着微软也发布了ASP.NET技术,它们都采用一种优秀的分层思想,力图解决Web应用维护困难的问题。

1.1.2 静态Web和动态Web的区别与联系

静态网站是最初的建站方式,浏览者所看到的每个页面是建站者上传到服务器上的一个.htm或.html文件,对于这种网站每增加、删除、修改一个页面,都必须重新对服务器上的文件进行一次下载和上传操作。网页内容一经发布到网站服务器上,无论是否有用户访问,每个静态网页的内容都保存在网站服务器上,也就是说,静态网页是实实在在保存在服务器上的文件,每个网页都是一个独立的文件。静态网页的内容相对稳定,因此容易被搜索引擎检索到,但存在着以下两个缺点。

(1) 静态网页没有数据库的支持,在网站制作和维护方面工作量较大,因此当网站信息量很大时,完全依靠静态网页制作起来比较困难。

(2) 静态网页的交互性较差,在功能方面有较大的限制。

随着人们对动态效果的需求不断增加,出现了动态网站。这里所说的动态网页并不是指网页上简单的GIF动态图片或是Flash动画,与网页上的各种动画、滚动字幕等视觉上的"动态效果"没有直接关系。动态网页可以是纯文字内容的,也可以是包含各种动画的内容,这些只是网页具体内容的表现形式,无论网页是否具有动态效果,采用动态网站技术生成的网页都称为动态网页,都具备以下3个基本特征。

（1）交互性：网页会根据用户的要求和选择而动态地改变和响应，浏览器作为客户端，成为一个动态交流的桥梁，动态网页的交互性也是 Web 今后发展的方向。

（2）自动更新：即无须手动更新 HTML 文档，便会自动生成新页面，可以大大节省工作量。

（3）因时因人而变：即当不同时间、不同用户访问同一网址时会出现不同页面。

动态网站在页面里嵌套了程序，将一些框架相同、更新较快的信息页面进行了内容与形式的分离，将信息内容以记录的形式存入网站的数据库中，以便网站各处的调用。这样用户看到的页面可能和服务器上 HTML 文件就不一一对应了，网页框架里调用了很多数据库记录中的内容。此外动态网页是与静态网页相对应的，也就是说，网页文件的扩展名不是.htm、.html、.shtml、.xml 等静态网页的常见形式，而是以.asp、.jsp、.php、.perl、.cgi 等为扩展名。

从网站浏览者的角度来看，无论是动态网页还是静态网页，都可以展示基本的文字和图片信息，但从网站开发、管理、维护的角度来看有很大的差别。静态 Web 无法进行数据库操作，而动态 Web 是可以进行数据库操作的。现在几乎所有的数据都是通过数据库来保存的，也正是由于这个原因，动态 Web 开发已经被广泛应用到各个行业之中。

1.1.3 Web 应用系统的开发模式

Web 应用系统有两种模式：C/S 模式和 B/S 模式。

（1）C/S(Client/Server，客户端/服务器端)模式：这种模式功能强大，一般对环境要求比较高，实时交互性好，对于开发而言比较复杂，维护比较麻烦，需要分别安装客户端和服务器端。例如，人们日常生活中使用的 QQ 或 MSN 等，都属于 C/S 模式。

（2）B/S(Browser/Server，浏览器/服务器)模式：相当于在 C/S 模式中以浏览器作为客户端的情况。只是在一般情况下操作系统已经集成了这个客户端，因而不用再安装了，B/S 模式结构比较简单，维护比较方便，只需管理和维护服务器端即可。例如，购物网站或论坛都采用 B/S 模式。

1.1.4 Model 1 和 Model 2

对于动态 Web 编程技术而言，则经历了所谓的 Model 1 和 Model 2 时代。

所谓 Model 1 就是 JSP 大行其道的时代。在 Model 1 模式下，整个 Web 应用几乎全部由 JSP 页面组成，由 JSP 页面接收并处理客户端请求，之后直接做出响应。用少量的 JavaBean 来处理数据库连接、数据库访问等操作。图 1-1 显示了 Model 1 的程序流程。

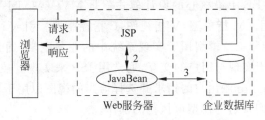

图 1-1 Model 1 的程序流程

Model 1 模式的实现比较简单,适用于快速开发小规模项目。但从工程化的角度来看,它的局限性非常明显:JSP 页面身兼 View 和 Controller 两种角色,将控制逻辑和表现逻辑混杂在一起,从而导致代码的重用性非常低,减小了应用的扩展性,增加了维护的难度。

早期有采用大量 JSP 技术开发的 Web 应用,这些 Web 应用都采用了 Model 1 架构。

Model 2 已经是基于 MVC 架构的设计模式。首先,在 Model 2 架构中,Servlet 作为前端控制器,负责接收客户端发送的请求,在 Servlet 中只包含控制逻辑和简单的前端处理程序;其次,调用后端 JavaBean 来完成实际的逻辑处理;最后,转到相应的 JSP 页面处理显示逻辑。其具体实现方式如图 1-2 所示。

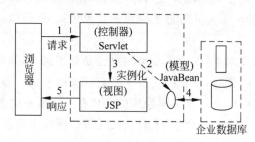

图 1-2 Model 2 的程序流程

从图 1-2 中可以看到,在 Model 2 下 JSP 不再承担控制器的责任,它只在表现层发挥作用,仅用于将结果呈现给用户,JSP 页面的请求将与 Servlet(控制器)交互,而 Servlet 负责与后台的 JavaBean 通信。在 Model 2 模式下,模型(Model)由 JavaBean 充当,视图(View)由 JSP 页面充当,而控制器(Controller)则由 Servlet 充当。

由于引入了 MVC 模式,使 Model 2 具有组件化的特点,更适用于大规模应用的开发,但也增加了应用开发的复杂程度。原本需要一个简单的 JSP 页面就能实现的应用,在 Model 2 中被分解成多个协同工作的部分,需要花更多时间才能真正掌握其设计和实现过程。

Model 2 已经是 MVC 设计思想下的架构,下面简要介绍 MVC 设计思想。

1.2 MVC 设计思想

Java EE(Java Enterprise Edition)是在 Java SE 基础上建立起来的一种标准开发架构,主要应用于企业级应用程序的开发。在 Java EE 的开发中以 B/S 模式作为主要的开发模式。在整个 Java EE 中最核心的设计模式就是 MVC(Model-View-Controller)设计模式,并且被广泛应用。M 指模型,V 指视图,C 指控制器。引入 MVC 模式的目的就是实现 Web 系统的职能分工。模型用于实现系统中的业务逻辑,通常可以用 JavaBean 或 EJB 来实现。视图用于实现与用户的交互,通常用 JSP 来实现。控制器层是模型与视图之间沟通的桥梁,它可以分派用户的请求并选择恰当的视图以用于显示,同时它也可以解释用户的输入并将它们映射为模型可执行的操作。

MVC 并不是 Java 语言所特有的设计思想,也并不是 Web 应用所特有的思想,它是所有面向对象程序设计语言都应该遵守的规范。

MVC思想将一个应用分成3个基本部分：模型、视图和控制器，这3个部分以最少的耦合协同工作，从而能够提高应用的可扩展性及可维护性。

起初，MVC模式是针对相同的数据需要不同显示的应用而设计的，其整体结构如图1-3所示。

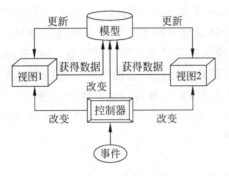

图1-3　MVC结构

在经典的MVC模式中，事件由控制器处理，控制器根据事件的类型改变模型或视图；反之亦然。具体地说，每个模型对应一系列的视图列表，这种对应关系通常采用注册的方法来完成，即把多个视图注册到同一个模型，当模型发生改变时，模型向所有注册过的视图发送通知，接下来，视图从对应的模型中获得信息，然后完成视图显示的更新。

从设计模式的角度来看，MVC思想非常类似于一个观察者模式，但与观察者模式存在少许差别：在观察者模式下观察者和被观察者可以是两个互相对等的对象，但对于MVC思想而言，被观察者往往只是单纯的数据体，而观察者则是单纯的视图页面。

概括起来，MVC有如下特点。

(1) 多个视图可以对应一个模型。按MVC设计模式，一个模型对应多个视图，可以减少复制及维护的代码量，一旦模型发生改变，也易于维护。

(2) 模型返回的数据与显示逻辑分离。模型数据可以应用任何的显示技术，例如，使用JSP页面、Velocity模板或者直接产生Excel文档等。

(3) 应用被分隔为3层，减小了各层之间的耦合，提高了应用的可扩展性。

(4) 控制层的概念也很有效，由于它把不同的模型和不同的视图组合在一起来完成不同的请求，因此，控制层可以说是包含了用户请求权限的概念。

(5) MVC更符合软件工程化管理的精神。不同的层各司其职，每一层的组件具有相同的特征，有利于通过工程化和工具化产生管理程序代码。

相对于早期的MVC思想，Web模式下的MVC思想则又存在一些变化，因为对于一个应用程序而言，可以将视图注册给模型，当模型数据发生改变时，及时通知视图页面发生改变；而对于Web应用而言，即使将多个JSP页面注册给一个模型，当模型发生变化时，模型无法主动发送消息给JSP页面（因为Web应用都是基于请求/响应模式的），只有当用户请求浏览该页面时，控制器才负责调用模型数据来更新JSP页面。

1.3 项目概述

本书所采用的项目是某环境规划院的人事管理系统。人事管理是企业生存的主要因素,人员的增减、变动将直接影响到企业的整体运作,企业每天都要涉及人员管理问题。企业员工越多、分工越细、联系越紧密,所要做的统计工作就越多,人事管理的难度就越大。本书完成的系统为某环境规划院人事管理系统,该系统基本上能满足现代企业人事管理的需求,人事管理系统中保存了相关的人员信息,方便查询、浏览、修改等操作。

本系统的使用者为某环境规划院的管理人员。通过该系统用户能够对系统进行系统设置、员工资料、人事资料的管理,而且可以对各种资料进行统计查询。

本系统具有的功能包括系统设置、员工管理、人事管理、统计管理、工资管理、休假管理。每个功能的具体描述如下。

1. 系统设置

(1) 部门管理:对部门信息进行设置。

(2) 职位管理:对职位信息进行设置,包括的职位有办公室主任、院长、总工、副院长等。

(3) 职称管理:对职称信息进行设置,包括的职称有工程师、教授等。

(4) 奖惩信息设置:对奖惩信息进行设置,如迟到、早退、旷工等。

(5) 用户管理:对使用该系统的人员信息进行设置。

2. 员工管理

员工管理主要是对院内员工的基本信息进行管理,主要包括以下几部分的功能。

(1) 员工基本信息录入:录入员工的基本信息。

(2) 员工信息编辑:编辑修改员工信息。

(3) 员工信息删除:删除不在本单位工作的员工信息(为了保证信息的完整性,此处的删除功能为逻辑删除)。

(4) 模糊查询员工信息:根据输入的模糊查询条件,查询出所需要的员工信息。

(5) 员工信息打印:打印员工的基本信息。

(6) 员工相关资料管理:对员工的业绩考核资料及其他资料进行管理及维护操作。

(7) 员工基本信息的导入与导出:用于导入和导出员工信息,可以直接进行打印或保存为 Excel 文件。

(8) 员工状态操作:如实习、转正、退休等。

(9) 员工附加信息、简历等管理。

(10) 组织撤销:相应组织被撤销后仍保留历史薪资统计数据。

(11) 岗位调动时自动更新上下级关系(可使用拖拉操作)。

(12) 可快速查询各组织内职位和人员配备情况。

(13) 员工证件管理。

(14) 合约到期和试用期到期提醒功能。

(15) 可预先设定员工离职日期,系统自动处理离职信息。

（16）内建离职员工数据库，保留离职员工的所有数据。

3．人事管理

（1）奖惩资料管理。

（2）培训资料管理。

（3）考评资料管理。

（4）调动资料管理。

（5）工资资料管理。

（6）其他信息。

在以上的功能模块可以进行相应信息的添加、修改、删除及查询操作。

4．统计管理

（1）按条件进行统计，如按部门统计、按职称统计等，统计的内容主要有平均年龄，职称结构，学历结构，平均工资，某一部门的人数，某一职称、某一学历的人数。

（2）员工生日统计：统计某一月份或时间段内的员工生日，以便领导发送生日祝福等，提高员工的工作积极性及热情。

（3）外聘人员与正式人员统计：统计各部门正式在编人员、外聘人员及学生的情况。按时间段进行统计。

（4）人事信息统计：按姓名、性别、职务、学历等进行统计，可加入条件显示人员信息。

（5）人事记录统计：按员工、部门、月份、项目等统计培训、调薪、调动等情况，以统计图的形式进行显示。

5．工资管理

本系统预留与财务 NC 系统的接口，可将工资信息导入内网办公系统中，提供工资信息，由员工进行查询。

6．休假管理

（1）支持多种休假政策。

（2）支持多种假期表。

（3）支持日和小时两种休假时间单位。

（4）支持多种休假类型（如年假、病假等）。

（5）支持加班转调休。

（6）可输入或者导入员工休假或者加班的明细数据。

（7）可查询员工休假或者加班的明细数据。

（8）可汇总统计休假或者加班数据。

本书以该人事管理系统中部分模块的开发为需求背景，介绍当前流行的三大框架技术，其中包括：使用 Struts 2 技术完成职称系列管理模块的开发，使用 Struts 2＋Hibernate 框架技术完成用户管理模块的开发，使用 Struts 2＋Hibernate＋Spring 技术完成部门管理模块的开发，最后的一章将详细列出证件信息管理模块的需求及设计说明，以分层架构的形式给出实现证件信息管理模块的关键代码。

小结

本章对 Web 基础理论进行了介绍,包括 Web 技术的发展、静态 Web 和动态 Web 的区别与联系、C/S 模式和 B/S 模式,之后介绍了 Model 1 和 Model 2 的简要模型和特征,进而介绍了 MVC 模式的主要策略和主要优势。最后对本书所采用的项目需求进行了描述。

习题

简答题

1. 比较静态 Web 和动态 Web 的区别与联系。
2. 怎样理解 C/S 模式和 B/S 模式?
3. 比较 Model 1 和 Model 2,指出它们各自的优缺点。
4. 简述 MVC 设计模式的组成部分。
5. 简述如何理解 MVC。

第 2 章

搭建运行和开发环境

进行系统开发前需要做一些前期准备,本章将对运行环境和开发环境的搭建进行说明。通过本章的学习,可以达到以下目标:
➢ 学会 JDK 的安装和环境变量配置;
➢ 掌握 Eclipse 和 MyEclipse 的概念及安装过程;
➢ 能够在 Eclipse 中创建 Web 应用程序;
➢ 掌握 Web 服务器的安装及使用方法。

2.1 搭建运行环境

2.1.1 下载并安装 JDK

JDK(Java Development Kit)是 Sun 公司提供的一个开源、免费的 Java 开发工具。JDK 是整个 Java 的核心,包括 Java 运行环境、Java 工具和 Java 基础类库。在安装其他开发工具和集成开发环境以前,必须首先安装 JDK。可以从 Sun 公司的官方网站获得免费的 JDK。

JDK 下载完成之后,按照提示即可完成安装。

2.1.2 Java 环境变量的设置

JDK 安装完成后,需要设置环境变量,Windows 操作系统下的环境变量配置步骤如下。

(1) 右击"我的电脑"图标,在弹出的快捷菜单中选择"属性"菜单项,打开"系统属性"对话框,选择"高级"选项卡,单击"环境变量"按钮,打开"环境变量"对话框。

(2) 配置用户变量。

① 新建 JAVA_HOME 变量,输入"C:\Program Files\Java\jdk1.6.0(JDK 的安装路径)"。

② 新建 PATH 变量,输入";%JAVA_HOME%\bin;%JAVA_HOME%\jre\bin;"。

③ 新建 CLASSPATH 变量,输入".;%JAVA_HOME%\lib;%JAVA_HOME%\lib\tools.jar"。

(3) 测试环境变量配置是否成功。选择"开始"→"运行"菜单项,打开"运行"对话框,在"打开"文本框中输入"cmd"命令,单击"确定"按钮打开命令提示符窗口。在命令提示符窗口中,分别输入命令"java"(java.exe 是指 Java 解释器,用来解释执行字节码文件)和"javac"(javac.exe 是指 Java 编译器,用来编译源文件,得到字节码文件),并按 Enter 键,此时命令提示符窗口中出现相应的命令,而不是出错信息,即表示配置成功。

2.1.3 Tomcat 安装和配置

如果进行的是 Java Web 的开发,还需要安装 Web 服务器,Tomcat 服务器不仅是一个 Servlet 容器,也是一个免费的开放源代码的 Web 应用服务器,它是 Apache 软件基金会(Apache Software Foundation)Jakarta 项目中的一个核心项目,由 Apache、Sun 和其他一些公司及个人共同开发而成。因为 Tomcat 技术先进、性能稳定,而且免费,因而深受 Java 爱好者的喜爱并得到了部分软件开发商的认可,成为目前比较流行的 Web 应用服务器。

可以直接从 Apache 的网站上下载 Tomcat。在安装 Tomcat 之前要先安装 JDK,本书使用的 Tomcat 版本为 Tomcat 6.0.18,需要安装 J2SE 5.0(JDK 1.5)以上的版本才能运行。对于可执行的安装程序,只需双击这个文件,就可以开始安装了。本书将 Tomcat 6.0 服务器安装在了 C 盘的 Tomcat 6.0 目录中,在安装过程中需要配置服务器的端口号和密码,本书中 Tomcat 服务器的端口号是 8080,密码为空。在安装过程中安装程序会自动搜索 JDK 和 JRE 的位置。

服务器安装完成之后,即可通过 Tomcat 中 bin 目录下的 tomcat6.exe 启动 Tomcat 服务器。

Tomcat 启动成功后,打开浏览器,在地址栏中输入"http://localhost:8080/",可以看到如图 2-1 所示的界面。如果出现此界面,说明 Tomcat 安装成功。

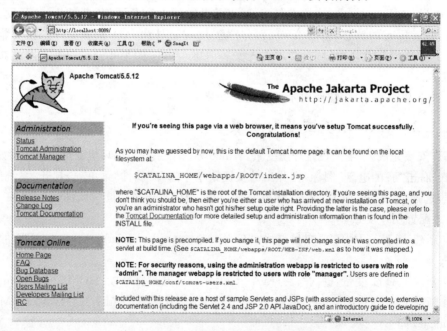

图 2-1 Tomcat 安装成功界面

2.2 搭建开发环境

2.2.1 Eclipse 的安装

Eclipse 是一个开放源代码的、基于 Java 的可扩展开发平台。就其本身而言,它只是一个框架和一组服务,用于通过插件构建开发环境。幸运的是,Eclipse 附带了一个标准的插件集,包括 Java 开发工具(Java Development Tool,JDT)。

虽然大多数用户很乐于将 Eclipse 作为 Java IDE 来使用,但 Eclipse 的目标不仅限于此。Eclipse 还包括插件开发环境(Plug-in Development Environment,PDE),这个组件主要是针对希望扩展 Eclipse 的软件开发人员设计的,因为它允许他们构建与 Eclipse 环境无缝集成的工具。由于 Eclipse 中的每个组成部分都是插件,对于给 Eclipse 提供插件,以及给用户提供一致和统一的集成开发环境而言,所有工具开发人员都具有同等的发挥场所。

基于 Eclipse 的应用程序的突出例子是 IBM 的 WebSphere Studio Workbench,它构成了 IBM Java 开发工具系列的基础。例如,WebSphere Studio Application Developer 添加了对 JSP、Servlet、EJB、XML、Web 服务和数据库访问的支持。

Eclipse 是一个免费的软件,可以从 Eclipse 的官方网站上下载。

Eclipse 安装文件为压缩包,解压缩后即可使用。

(1) 解压 Eclipse 3.2 安装包,解压到 eclipse 目录下,如图 2-2 所示。

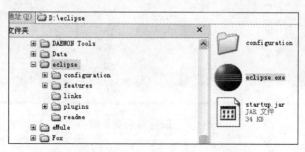

图 2-2 eclipse 目录

(2) 将 JDK 安装目录下的 bin 目录设置到系统环境变量 PATH 中,执行 eclipse 目录下的 eclipse.exe 文件,即可启动 Eclipse。PATH 环境变量的设置与前文中的 JAVA_HOME 变量设置相同。

(3) 异常情况:有可能在系统中安装了其他的 JRE 环境(如 Oracle),并在 PATH 环境变量中也进行了设置,而且 JDK 版本低于 1.4.1,则可能会执行失败,并且出现如图 2-3 所示的提示。

解决办法是使用快捷方式,并指定 Java 虚拟机的位置,操作步骤如下。

(1) 建立 eclipse.exe 的快捷方式。

(2) 查看该快捷方式的属性,在"目标"文本框中加入 vm 参数,写法如下。

图 2-3 虚拟机不兼容对话框

D:\eclipse\eclipse.exe -vm D:\Java\jdk1.6.0_05\bin\javaw.exe

使用 vm 参数,指定 JDK 中 javaw.exe 文件的位置。

(3) 执行快捷方式,启动 Eclipse,如图 2-4 所示。

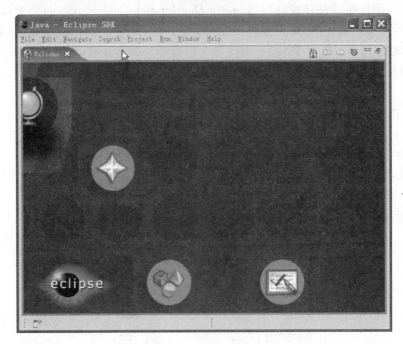

图 2-4 Eclipse 启动界面

2.2.2 MyEclipse 插件的安装

MyEclipse 企业级工作平台(MyEclipse Enterprise Workbench,MyEclipse)是对 Eclipse IDE 的扩展,利用它在数据库和 J2EE 的开发、发布,以及应用程序服务器的整合方面将极大地提高工作效率。它是功能丰富的 J2EE 集成开发环境,包括了完备的编码、调试、测试和发布功能,对 HTML、Struts、JSF、CSS、JavaScript、SQL、Hibernate 提供全面支持。

在结构上,MyEclipse 的功能可以分为 7 类:J2EE 模型、Web 开发工具、EJB 开发工具、应用程序服务器的连接器、J2EE 项目部署服务、数据库服务、MyEclipse 整合帮助。

对于以上每一种功能,在 Eclipse 中都有相应的功能部件,并通过一系列的插件来实现它们。MyEclipse 结构上的这种模块化使用户能够在不影响其他模块的情况下对任一模块进行单独的扩展和升级。

简单而言,MyEclipse 是 Eclipse 的插件,也是一款功能强大的 J2EE 集成开发环境,支持代码编写、配置、测试以及除错。

MyEclipse 5.1.1 插件的安装过程如下。

(1) 执行 MyEclipse 安装文件,弹出安装准备进度框,如图 2-5 所示。

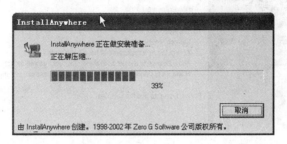

图 2-5　MyEclipse 安装界面

接下来按照向导提示安装即可。

(2) 选择 MyEclipse 的安装目录。应将目录指定到安装好的 eclipse 目录下,如图 2-6 所示。

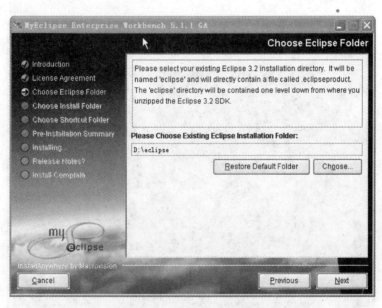

图 2-6　选择安装文件夹

(3) 按照向导完成安装,完成界面如图 2-7 所示。

(4) 运行 MyEclipse。

通过"开始"菜单中的 MyEclipse 5.1.1 GA 菜单即可启动 MyEclipse。如果出现和 Eclipse 相同的 jvm 不匹配的错误,可采用相同的解决方法,向快捷方式中加入-vm 参数,参数位置为第一个,即 vm 参数在其他参数之前。启动后的 MyEclipse 如图 2-8 所示。

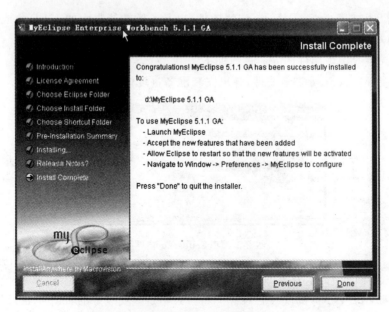

图 2-7 安装完成界面

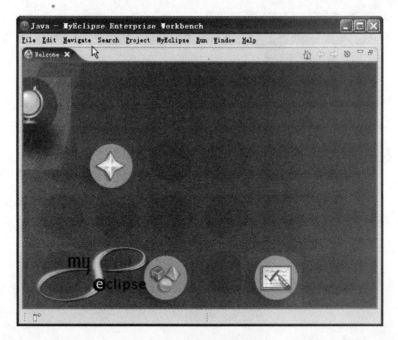

图 2-8 MyEclipse 启动界面

2.3 使用 MyEclipse 创建 Web 项目

MyEclipse 是 Java 的免费集成开发环境,可以用来开发基于 Java 的 Web 应用程序,下面介绍如何使用 MyEclipse 来创建 Java Web 项目。

(1) 安装完成后,选择"开始"→"程序"→MyEclipse 5.1.1 GA 菜单,如图 2-9 所示。

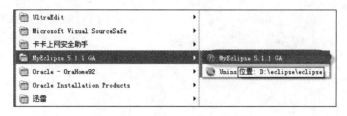

图 2-9　启动 MyEclipse 5.1.1 GA

(2) 启动后打开选择工作空间的界面,如图 2-10 所示。

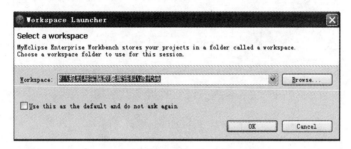

图 2-10　选择工作空间的界面

(3) 在图 2-10 所示的对话框中选择一个 Workspace,即项目所在的目录,完成后,单击 OK 按钮,启动 MyEclipse,启动完成后,如图 2-11 所示。

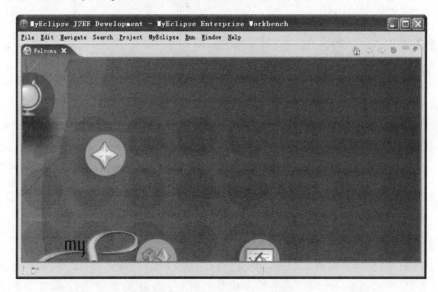

图 2-11　MyEclipse 工作界面

(4) 关闭 Welcome 界面后,显示如图 2-12 所示。

(5) 要创建 Web 项目,可以选择 File→New→Other 菜单项,如图 2-13 所示,打开 New 对话框,选择 Web Project 选项,如图 2-14 所示。

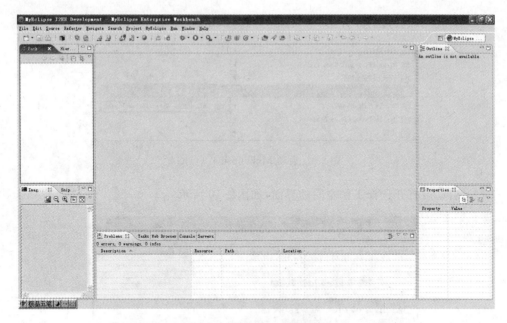

图 2-12 MyEclipse 编辑界面

图 2-13 新建 Web 项目

（6）在图 2-14 所示的对话框中，单击 Next 按钮，打开 New J2EE Web Project 对话框，如图 2-15 所示，Project Name 指的是项目名称，一般以英文来进行命名。关于 J2EE 版本，这里选择目前的最新版本 J2EE 1.4。在 JSTL Support 选项组中选中 Add JSTL libraries to WEB-INF/lib folder 复选框，版本选择 JSTL 1.1，说明在项目中可以使用 JSTL(JSP Standard Library，JSP 标准标记库)。最后单击 Finish 按钮完成项目创建。

（7）项目创建完成后，在左边的视图中会显示出所创建的项目，如图 2-16 所示。

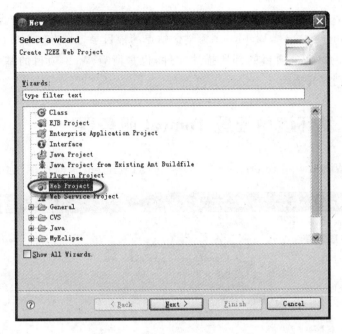

图 2-14 选择 Web Project 选项

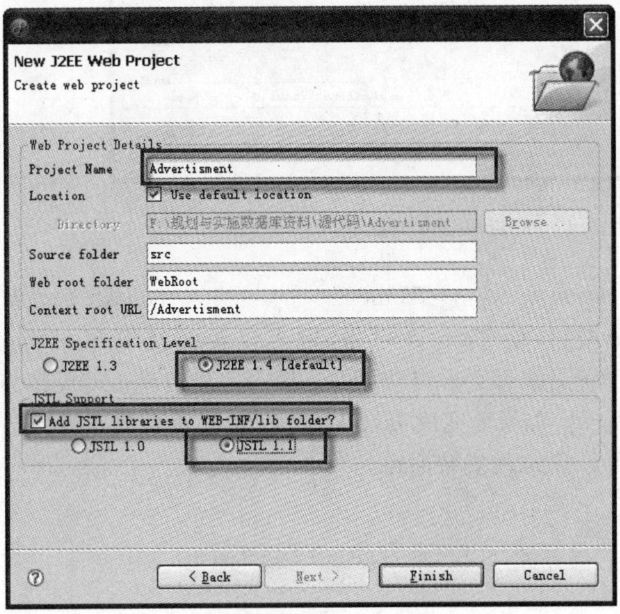

图 2-15 创建 J2EE Web 项目

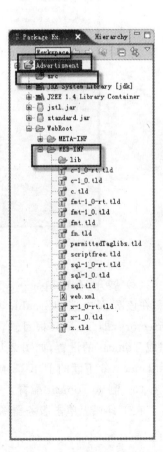

图 2-16 项目创建完成界面

其中 Advertisment 为项目的名称，也是运行时站点的根目录，src 中保存的为项目中所使用的所有 Java 源文件，WebRoot 为整个站点的根目录，lib 为整个项目中所用到的库文件。web.xml 为整个项目的部署描述文件，也是所有 Web 项目的基础。到此为止，Web 项目基本创建完成。

2.4　在开发环境中配置 Tomcat 服务器

（1）选择 Window→Preferences 菜单项，进入 Preferences 对话框，如图 2-17 所示。

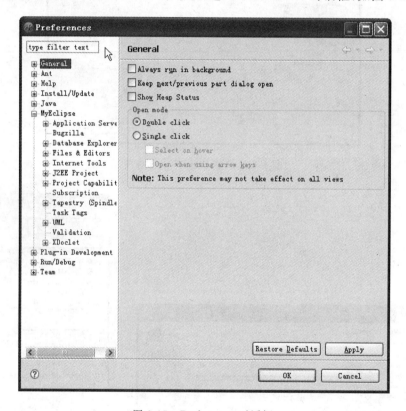

图 2-17　Preferences 对话框

（2）展开 MyEclipse→Application Servers→Tomcat 6 节点，进入 Tomcat 的设置界面，在该界面中选中 Enable 单选按钮，使 Tomcat 可用，输入或者设置 Tomcat Home Directory，即 Tomcat 根目录，其下的目录都会被自动填写。填写完成后单击 OK 按钮即完成 Tomcat 的设置，如图 2-18 所示。如果要完成 Java Web 开发，还需要展开图 2-18 所示 Tomcat 6 下面的 JDK 选项，找到 JDK 的安装路径。

（3）测试 Tomcat 配置。

在工具栏上单击服务器图标即可启动 Tomcat，如图 2-19 所示。

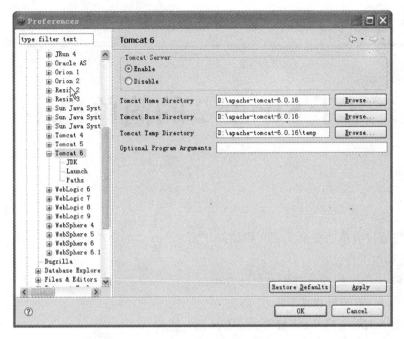

图 2-18　Tomcat 设置完成界面

图 2-19　启动 Tomcat

小结

　　本章详细说明了在 Windows 下如何搭建项目的运行环境和开发环境，包括安装 JDK 并配置环境变量，安装 Tomcat、Eclipse 以及 MyEclipse 插件，使用 MyEclipse 来创建 Web 项目，在开发环境中配置 Tomcat 服务器。本章的内容是为后续的 Web 开发做铺垫的。

第3章

基于 Struts 2 的简单程序

本章将通过简单的登录实例介绍如何开发 Struts 2 的简单应用程序。通过本章的学习,可以达到以下目标:
- 了解 Struts 的项目开发过程和方法;
- 理解 MVC 设计模式;
- 了解 Struts 2 结构,掌握 Struts 2 的运行流程。

3.1 Struts 概述

Struts 1 是全世界第一个发布的 MVC 框架,它由 Craig McClanahan 在 2001 年发布,该框架一经推出,就得到了世界上 Java Web 开发者的拥护,经过长达 6 年时间的锤炼,Struts 1 框架更加成熟、稳定,性能也有了很好的保证。因此,到目前为止,Struts 1 依然是世界上使用最广泛的 MVC 框架。

目前,基于 Web 的 MVC 框架非常多,发展也很快,每隔一段时间就有一个新的 MVC 框架发布,例如 JSF、Tapestry 和 Spring MVC 等。除了这些有名的 MVC 框架外,还有一些边缘团队的 MVC 框架也很有借鉴意义。

对于企业实际使用 MVC 框架而言,框架的稳定性应该是最值得考虑的问题。一个刚刚起步的框架可能本身就存在一些隐藏的问题,会将自身的 BUG 引入自己的应用中,这也是不推荐开发者自己实现框架的原因。

Struts 2 是 Struts 的下一代产品。Struts 2 与 Struts 1 相比,确实有很多革命性的改进,但它并不是新发布的框架,而是在 WebWork 基础上发展起来的。从某种程度上来讲,Struts 2 没有继承 Struts 1 的血统,而是继承了 WebWork 的血统。或者说,WebWork 衍生出了 Struts 2,而不是 Struts 1 衍生了 Struts 2。因为 Struts 2 是 WebWork 的升级,而不是一个全新的框架,因此稳定性、性能等各方面都有很好的保证,而且吸收了 Struts 1 和 WebWork 两者的优势,因此是一个发展前景很好的框架。

3.2　获取 Struts 2

Struts 2 作为 MVC 的 Web 框架，自推出以来就受到开发者的追捧，得到非常广泛的应用。作为最成功的 Web 框架，要获取 Struts 2，可到 Apache 官方网站上下载 Struts 2 包，下载地址为：http://struts.apache.org/2.x/index.html，本章所描述的为 Struts 2.1.8 版本，根据 Apache 官网所述，该版本是目前最稳定和可靠的版本。下载时，建议下载 Struts 2 的 Full Distribution 版，即完全下载。下载完成后，Struts 的包结构如图 3-1 所示。

apps		文件夹	2009-10-02 17:56
docs		文件夹	2009-10-02 17:56
lib		文件夹	2009-10-02 17:56
src		文件夹	2009-10-02 17:56
ANTLR-LICENSE.txt	2 KB	文本文档	2009-10-02 16:03
CLASSWORLDS-LICENSE.txt	2 KB	文本文档	2009-10-02 16:03
FREEMARKER-LICENSE.txt	3 KB	文本文档	2009-10-02 16:04
LICENSE.txt	10 KB	文本文档	2009-10-02 16:03
NOTICE.txt	1 KB	文本文档	2009-10-02 16:03
OGNL-LICENSE.txt	3 KB	文本文档	2009-10-02 16:04
OVAL-LICENSE.txt	12 KB	文本文档	2009-10-02 16:03
SITEMESH-LICENSE.txt	3 KB	文本文档	2009-10-02 16:03
XPP3-LICENSE.txt	3 KB	文本文档	2009-10-02 16:03
XSTREAM-LICENSE.txt	2 KB	文本文档	2009-10-02 16:03
XWORK-LICENSE.txt	3 KB	文本文档	2009-10-02 16:04

图 3-1　Struts 的包结构

(1) apps：该文件夹中包含了基于 Struts 2 框架的示例应用，这些示例应用对于学习者是非常有用的资料。

(2) docs：该文件夹中包含了 Struts 2 框架的相关文档，包括 Struts 2 的快速入门、Struts 2 的文档，以及 API 文档等内容。

(3) lib：该文件夹中包含了 Struts 2 框架的核心类库，以及 Struts 2 的第三方插件类库。

(4) src：该文件夹中包含了 Struts 2 框架的全部源代码。

3.3　基于 Struts 2 框架实现登录实例

本节将通过一个基础的登录实例来讲述如何在 MyEclipse 中开发一个基于 Struts 2 的 Web 应用程序。

3.3.1　创建一个新的 Web 项目

项目的创建工作通过 MyEclipse 所提供的 Web Project 创建向导来完成，选择 File→New→Project 菜单项，打开 New 对话框，然后在 Wizards 列表中选择 MyEclipse 目录下的 Java Enterprise Projects 目录中的 Web Project 选项，如图 3-2 所示，接着，单击 Next 按钮进入 New Web Project 对话框中，输入如图 3-3 所示的内容，单击 Finish 按钮完成 Web 项目的创建。

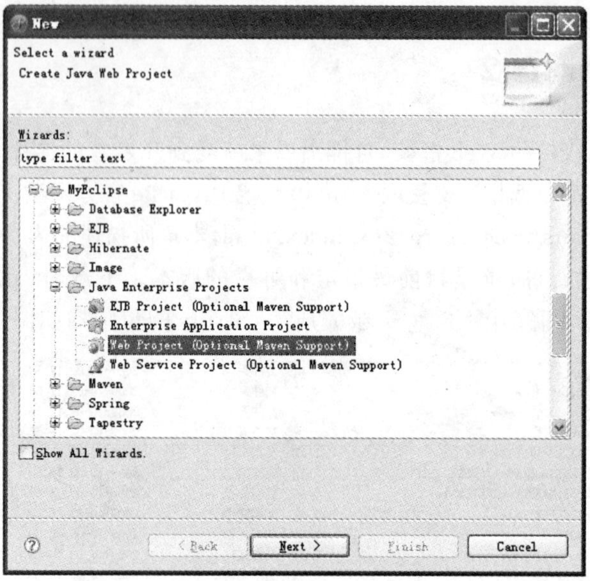

图 3-2　New 对话框

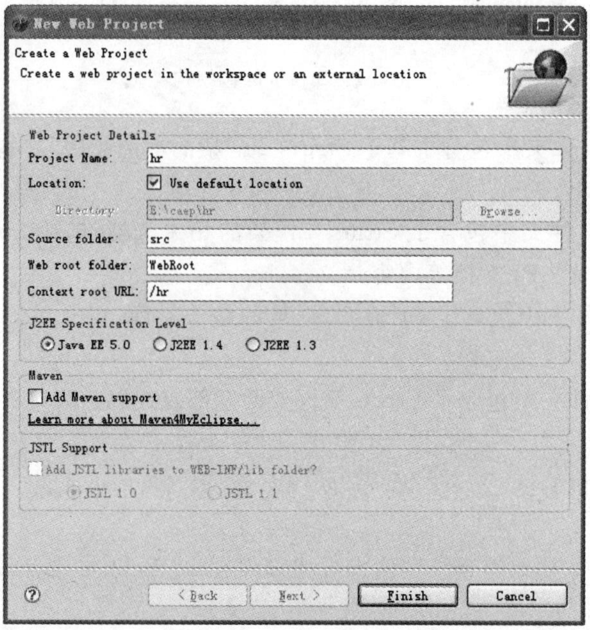

图 3-3　New Web Project 对话框

3.3.2　增加 Struts 2 支持

解压 Struts 2 开发包后,在 struts-2.1.8.1\lib 下选择如下文件,并将这些文件放置于新建的 Web 项目的 WebRoot\WEB-INF\lib 下,这些.jar 文件是开发 Struts 2 的最小依赖库。包的具体内容如下所示。

(1) Struts 2-core-2.1.8.1.jar：Struts 2 框架的核心类库。

(2) xwork-core-2.1.6.jar：XWork 类库，Struts 2 在其上构建。

(3) ognl-2.7.3.jar：对象图导航语言（object Graph Navigation Language），Struts 2 框架通过它读取对象的属性。

(4) freemarker-2.3.15.jar：Struts 2 UI 标记模板使用 FreeMarker 编写。

(5) commons-logging-1.0.4.jar：ASF 出品的日志包，支持 log4j 和 JDK 1.4＋日志记录。

(6) commons-fileupload-1.2.1.jar：文件上传组件，在 2.1.6 及以上版本中必须加入此文件。

添加完成后，表明该 Web 应用已经加入了 Struts 2 的核心类库，但还需要修改 web.xml 文件，让该文件负责加载 Struts 2 框架。

3.3.3 配置 web.xml 文件

通常所有的 MVC 框架都需要 Web 应用加载一个核心控制器，对于 Struts 2 框架而言，Struts 2 将核心控制器设计成 Filter，而不是一个普通的 Servlet。故为了让 Web 应用加载 FilterDispatcher，只需在 web.xml 文件中配置 FilterDispatcher 即可。展开工程的 WebRoot/WEB-INF 节点，该节点下包含 web.xml 文件，在 web.xml 中添加 Struts 2 支持，编辑后的 web.xml 配置文件代码如下。

```xml
<?xml version = "1.0" encoding = "UTF-8"?>
<web-app version = "2.4"
    xmlns = "http://java.sun.com/xml/ns/j2ee"
    xmlns:xsi = "http://www.w3.org/2001/XMLSchema-instance"
    xsi:schemaLocation = "http://java.sun.com/xml/ns/j2ee
    http://java.sun.com/xml/ns/j2ee/web-app_2_4.xsd">

    <!-- 配置 Struts 2 框架的核心 Filter -->
    <filter>
    <!-- 配置 Struts 2 核心 Filter 的名字 -->
        <filter-name>struts2</filter-name>
        <filter-class>org.apache.struts2.dispatcher.FilterDispatcher</filter-class>
    </filter>
    <!-- FilterDispatcher 用来初始化 Struts 2 并处理所有的 Web 请求 -->
    <filter-mapping>
        <filter-name>struts2</filter-name>
        <url-pattern>/*</url-pattern>
    </filter-mapping>

</web-app>
```

在 web.xml 文件中配置了 Filter，还需要配置该 Filter 拦截的 URL。通常让该 Filter 拦截所有的用户请求，因此使用通配符来配置该 Filter 拦截的 URL，如上面的代码片段所示。

如果 Web 应用使用了 Servlet 2.3 以前的规范，因为 Web 应用不会自动加载 Struts 2 框架的标签文件，所以必须在 web.xml 文件中配置加载 Struts 2 标签库。

配置加载 Struts 2 标签库的代码片段如下。

```
<!-- 手动配置 Struts 2 的标签库 -->
<taglib>
    <!-- 配置 Struts 2 标签库的 URI -->
    <taglib-uri>/s</taglib-uri>
    <!-- 指定 Struts 2 标签库定义文件的位置 -->
    <taglib-location>/WEB-INF/struts-tags.tld</taglib-location>
</taglib>
```

上面的配置片段指定了 Struts 2 标签库配置文件的物理位置：/WEB-INF/struts-tags.tld，因此必须手动复制 Struts 2 的标签库定义文件，将该文件放置在 Web 应用的 WEB-INF 路径下。

如果 Web 应用使用 Servlet 2.4 以上的规范，则无须在 web.xml 文件中配置标签库定义，因为 Servlet 2.4 规范会自动加载标签库定义文件。

3.3.4　从页面请求开始

Struts 2 支持大部分视图技术，本应用将使用最基本的视图技术：JSP 技术。当用户需要登录系统时，需要一个简单的表单提交页面，这个表单提交页面包含了两个表单域：用户名和密码。

下面是一个最简单的表单提交页面，该页面的表单内仅包含两个表单域，没有任何动态内容，实际上，整个页面完全可以是一个静态 HTML 页面。但考虑到需要在该页面后面增加动态内容，因此依然将该页面以 .jsp 为后缀保存。在项目中创建 JSP 的方法如下。

（1）在 simpleApp 项目的 WebRoot 上右击，在弹出的快捷菜单中选择 New→Other 菜单项，打开 New 对话框，如图 3-4 所示。

图 3-4　New 对话框

(2) 选择 MyEclipse→Web 节点下的 JSP 选项，单击 Next 按钮，在打开的对话框中输入文件名"login"，如图 3-5 所示，创建 login.jsp 文件。

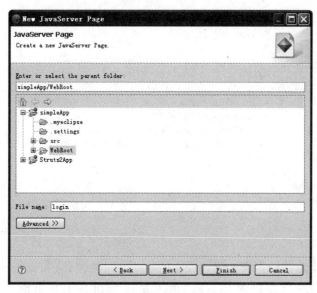

图 3-5　创建 JSP 文件

(3) 单击 Finish 按钮，完成 JSP 页面的创建，login.jsp 文件代码如下。

```
<%@ page language="Java" contentType="text/html; charset=UTF-8"
    pageEncoding="UTF-8" %>
<html>
<head>
<meta http-equiv="Content-Type" content="text/html; charset=UTF-8">
<title>Insert title here</title>
</head>
<body>
<!-- 提交请求参数的表单 -->
    <form action="Login.action" method="post">
        <table align="center">
            <caption>
                <h3>
                    用户登录
                </h3>
            </caption>
            <tr>
                <!-- 用户名的表单域 -->
                <td>
                    用户名：
                </td>
                <td>
                    <input type="text" name="username" />
                </td>
            </tr>
```

```
                <tr>
                    <!-- 密码的表单域 -->
                    <td>
                        密  码:
                    </td>
                    <td>
                        <input type="text" name="password" />
                    </td>
                </tr>
                <tr align="center">
                    <td colspan="2">
                        <input type="submit" value="登录" />
                        <input type="reset" value="重填" />
                    </td>
                </tr>
            </table>
        </form>
    </body>
</html>
```

该页面是一个静态的页面。但该表单的 action 属性为 login.action,这个 action 属性比较特殊,它不是一个普通的 Servlet,也不是一个动态 JSP 页面。当表单被提交给 login.action 时,Struts 2 的 FilterDispatcher 将自动发挥作用,将用户请求转发到对应的 Struts 2 Action。

Struts 2 Action 默认拦截所有后缀为 .action 的请求。因此,如果需要将某个表单提交给 Struts 2 Action 处理,则应该将该表单的 action 属性设置为 *.action 的格式。

3.3.5 部署 Struts 2 应用

建立了这个 JSP 页面后,下面单击 MyEclipse 主界面上部署 Web 应用的工具按钮部署 Web 应用和启动服务器。在 MyEclipse 中部署 Web 应用的步骤如下。

(1) 单击部署 Web 应用的按钮 ,弹出如图 3-6 所示的对话框。

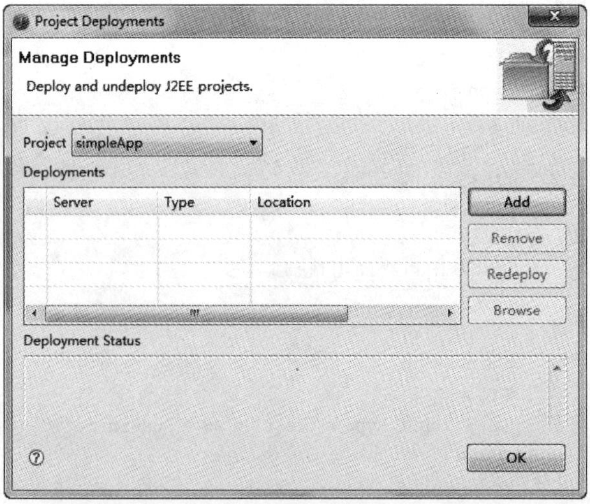

图 3-6 部署 Web 应用的对话框

(2) 在图 3-6 所示对话框的项目下拉列表框选择需要部署的 Web 应用,例如 simpleApp。单击右边的 Add 按钮,该按钮用于添加想要部署到的 Web 服务器,将打开如图 3-7 所示的对话框。

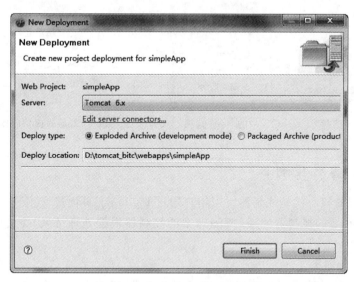

图 3-7　部署到应用服务器

(3) 在图 3-7 所示对话框的 Server 下拉列表框中选择 Tomcat 6.x 选项,然后单击 Finish 按钮,弹出图 3-8 所示的对话框,单击 OK 按钮,Web 应用部署成功。

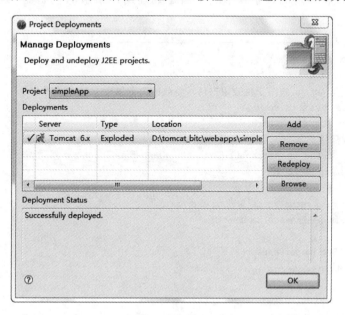

图 3-8　部署完成

(4) Web 应用部署成功后,单击工具栏中的"启动服务器"按钮旁的小三角按钮,出现下拉列表,选择 Tomcat 6.x 中的 Start 选项,如图 3-9 所示,启动 Tomcat 服务器。

（5）在浏览器中访问 simpleApp 应用，可以看一个登录页面。Tomcat 的端口以 8080 为例，应该在浏览器中访问如下地址：http://localhost:8080/simpleApp/login.jsp，登录页面如图 3-10 所示。

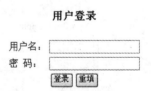

图 3-9　选择 Tomcat6.x 中的 Start 选项　　　　图 3-10　部署成功后的登录页面

3.3.6　实现控制器

MVC 框架的核心就是控制器。当用户通过 login.jsp 页面提交用户请求时，需要将其提交给 Struts 2 的控制器处理。Struts 2 的控制器根据处理结果，决定将哪个页面呈现给客户端。

1. 实现控制器类

Struts 2 下的控制器不再像 Struts 1 下的控制器，需要继承一个 Action 父类，甚至可以不实现任何接口，Struts 2 的控制器就是一个普通的 POJO。

实际上，Struts 2 的控制器就是一个包含 execute 方法的普通 Java 类，该类中包含的多个属性用于封装用户的请求参数。下面是处理用户请求的控制器 LoginAction.java 的代码。

```java
package com.bitc.edu.action;
public class LoginAction {
    //下面是 Action 内用于封装用户请求参数的两个属性
    private String username;
    private String password;
    //生成属性的 setter 和 getter 方法
    public String getUsername() {
        return username;
    }
    public void setUsername(String username) {
        this.username = username;
    }
    public String getPassword() {
        return password;
    }
    public void setPassword(String password) {
        this.password = password;
    }
    //处理用户请求的 execute 方法
```

```java
public String execute() throws Exception{
    //当用户请求参数的 username 等于 bitc、密码请求参数为 123456 时，
    //返回 success 字符串,否则返回 error 字符串
    if(getUsername().equals("bitc")&&getPassword().equals("123456")){
        return "success";
    }else{
        return "error";
    }
}
```

上面的 Action 类中定义了两个属性：username 和 password，并为这两个属性提供了对应的 setter 和 getter 方法。除此之外，该 Action 类中还包含了一个无参数的 execute 方法（这也是 Action 类与 POJO 类的差别）。实际上，这个 execute 方法依然是一个很普通的方法，既没有与 Servlet API 耦合，也没有与 Struts 2 API 耦合。使用 execute 方法判断用户是否是合法用户，如果是合法用户，返回一个"success"字符串；如果是非法用户，则返回一个"error"字符串。

2. 配置 Action

上面定义了 Struts 2 的 Action，但该 Action 还未配置在 Web 应用中，还不能处理用户请求。为了让该 Action 能处理用户请求，还需要将该 Action 配置在 struts.xml 文件中。

struts.xml 文件应该放在 classes 路径下，该文件中主要放置 Struts 2 的 Action 定义。定义 Struts 2 Action 时，除了需要指定该 Action 的实现类外，还需要定义 Action 处理结果和资源之间的映射关系。下面是在 struts.xml 中配置登录控制器 Login 的代码。

```xml
<?xml version = "1.0" encoding = "UTF-8" ?>
<!DOCTYPE struts PUBLIC
        "-//Apache Software Foundation//DTD Struts Configuration 2.0//EN"
        "http://struts.apache.org/dtds/struts-2.0.dtd">
<!-- struts 是 Struts 2 配置文件的根元素 -->
<struts>
    <!-- Struts 2 的 Action 必须放在指定的包空间下定义 -->
    <package name = "com.bitc.edu.action" extends = "struts-default">
        <!-- 定义 login 的 Action,该 Action 的实现类为 com.bitc.edu.action.Action 类 -->
        <action name = "Login" class = "com.bitc.edu.action.LoginAction">
            <!-- 定义处理结果和资源之间的映射关系 -->
            <result name = "error">/error.jsp</result>
            <result name = "success">/welcome.jsp</result>
        </action>
    </package>
</struts>
```

上面的映射文件定义了名为 Login 的 Action，即该 Action 将负责处理 URL 为 login.action 的客户端请求。该 Action 将调用自身的 execute 方法处理用户请求，如果 execute 方法返回"success"字符串，请求将被转发到/welcome.jsp 页面；如果 execute 方法返回"error"字符串，则请求被转发到/error.jsp 页面。

3. 增加视图资源完成应用

通过上面的工作，这个最简单的 Struts 2 应用几乎可以运行了，但还需要为该 Web 应用增加两个 JSP 文件，分别是 error.jsp 和 welcome.jsp，将这两个 JSP 页面文件放在 Web 应用的根路径下。

这两个 JSP 页面只包含了简单的提示信息。其中 welcome.jsp 页面的代码如下。

```jsp
<%@ page language="Java" contentType="text/html; charset=UTF-8" %>
<html>
    <head>
        <title>成功页面</title>
    </head>
    <body>
            您已经登录!
    </body>
</html>
```

上面的页面就是一个普通的 HTML 页面，登录失败后进入的 error.jsp 页面与此类似。error.jsp 页面代码如下所示。

```jsp
<%@ page language="Java" contentType="text/html; charset=UTF-8" %>
<html>
    <head>
        <title>失败页面</title>
    </head>
    <body>
            登录失败!
    </body>
</html>
```

在用户登录页面中输入用户名和密码，在"用户名"文本框中输入"bitc"，在"密码"文本框中输入"123456"，将进入 welcome.jsp 页面，显示"您已经登录!"，否则显示"登录失败!"。

对于上面的处理过程，可以简化为如下流程：用户输入两个参数，即 username 和 password，然后向 login.action 发送请求，该请求被 FilterDispatcher 转发给名为 Login 的 Action 来处理，如果这个 Action 处理用户请求后返回 success 字符串，则给用户返回 welcome.jsp 页面；如果返回 error 字符串，则给用户返回 error.jsp 页面。图 3-11 显示了该处理流程。

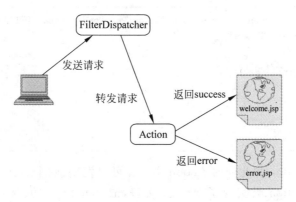

图 3-11　用户登录的处理流程

3.3.7　改进控制器

根据前面介绍的内容已经可以完成简单的 Struts 2 基本应用了,但还可以进一步改进 LoginAction 类,下面让 LoginAction 类实现 Action 接口,以利用该接口的优势。前面应用的 Action 类没有与 JavaBean 交互,没有将业务逻辑操作的结果显示给客户端。

1. 实现 Action 接口

实现 Action 接口可以帮助开发者更好地实现 Action 类。下面首先给出 Action 接口的定义:

```
public interface Action
{
    //下面定义了5个字符串常量
    public static final String SUCCESS = "success";
    public static final String NONE    = "none";
    public static final String ERROR   = "error";
    public static final String INPUT   = "input";
    public static final String LOGIN   = "login";
    //定义处理用户请求的 execute 抽象方法
    public String execute() throws Exception;
}
```

由以上代码可知,在 Action 接口中定义了 5 个标准字符串常量:SUCCESS、NONE、ERROR、INPUT 和 LOGIN,它们可以简化 execute 方法的返回值,并可以使 execute 方法的返回值标准化。例如,若处理成功,则返回 SUCCESS 常量,避免直接返回一个"success"字符串(在程序中应该尽量避免直接返回数字常量、字符串常量等)。

因此,借助于上面的 Action 接口,可以将原来的 Action 类代码修改为如下。

```
public class LoginAction implements Action{
    ⋮
    public String execute() throws Exception{
        //当用户请求参数的 username 等于 scott、密码请求参数为 tiger 时,返回 success
        //字符串,否则返回 error 字符串
```

```
            if(getUsername().equals("bitc")&&getPassword().equals("123456")){
                return SUCCESS;
            }else{
                return ERROR;
            }
        }
    }
    ...
```

对比前面的 Action 和此处的 Action 实现类可以发现，两个 Action 类的代码基本相同，只是后面的 Action 类实现了 Action 接口，故 Action 类的 execute 方法可以返回 Action 接口中的字符串常量。

2. 跟踪用户状态

前面的 Action 处理完用户登录请求后，仅仅执行了简单的页面转发，并未跟踪用户状态信息。通常，当一个用户登录成功后，需要将用户的用户名添加为 Session 状态信息。

为了访问 HttpSession 实例，Struts 2 提供了一个 ActionContext 类，该类提供了一个 getSession 方法，但该方法的返回值类型并不是 HttpSession，而是 Map。虽然 ActionContext 的 getSession 返回的不是 HttpSession 对象，但 Struts 2 的系列拦截器会负责该 Session 和 HttpSession 之间的转换。

为了可以跟踪用户信息，下面修改 Action 类的 execute 方法，在 execute 方法中通过 ActionContext 访问 Web 应用的 Session。修改后 Action 类中的 execute 方法代码如下。

```
public String execute() throws Exception{
//当用户请求参数的 username 等于 bitc、密码请求参数为 123456 时，返回
//SUCCESS 常量，否则返回 error 字符串
    if(getUsername().equals("bitc")&&getPassword().equals("123456")){
        //通过 ActionContext 对象访问 Web 应用的 Session
        ActionContext.getContext().getSession().put("user", getUsername());
        return SUCCESS;
    }else{
        return ERROR;
    }
}
```

上面的代码仅提供了 Action 类的 execute 方法，该 Action 类的其他部分与前面的 Action 类代码完全一样。在上面的 Action 类中通过 ActionContext 设置了一个 Session 属性：user。为了检验设置的 Session 属性是否成功，修改 welcome.jsp 页面，在 welcome.jsp 页面中使用 JSP 2.0 表达式语法输出 Session 中的 user 属性。下面是修改后的 welcome.jsp 页面代码。

```
<%@ page language = "Java" contentType = "text/html; charset = UTF - 8" %>
<html>
```

```
        < head >
            <title>成功页面</title>
        </ head >
        < body >
               欢迎,${sessionScope.user},您已经登录!
        </ body >
    </html >
```

上面的 JSP 页面使用了 JSP 2.0 语法来输出 Session 中的 user 属性。在 login.jsp 页面的"用户名"和"密码"文本框中输入正确的用户名和密码后,然后单击"登录"按钮,将看到写着"欢迎,bitc 您已经登录!"的页面,由此说明 Action 通过 ActionContext 成功设置了 Session。

小结

本章以实例的方式详细描述了如何通过 MyEclipse IDE 工具来开发 Struts 2 的简单应用程序,涉及 Struts 2 的配置文件,以及通过 web.xml 文件加载 Struts 2 框架的内容,通过简单登录实例读者可以了解到 Struts 2 的处理流程,在基本功能完成之后本章还使用 Action 接口中已经定义的标准字符串常量改进了控制器,利用 Session 属性跟踪用户状态。关于深入配置 struts.xml 文件的元素、struts.properties 文件的元素,以及 struts.xml 配置文件的结构,则放在下一章介绍。

习题

操作题

1. 使用 Struts 2 完成简单的 HelloWorld 程序。
(1) 创建一个 Web 工程 Hello,并在其中添加所需的 Struts 2 的相关 jar 包。
(2) 配置工程 web.xml 文件。
(3) 在工程的 src 目录下创建 struts.xml 文件,并在其中创建 action,action 的名字为 HelloWorld,所对应的类为 com.bitc.edu.HelloWorldAction,results 的返回值为"success",其映射的页面为 hello.jsp。
(4) 创建 HelloWorldAction 类,在类中创建一个 String 类型的变量 msg,并创建一个名为 execute 的方法。
(5) 在 Webroot 下创建一个文件名为 hello.jsp 的 JSP 文件,用于显示 msg 的值。
(6) 对工程进行部署。
2. 使用 Struts 2 完成用户登录程序。
功能描述:登录页面中显示用户名和密码两项内容,输入用户名和密码后,如果输入的用户名和密码都为 0822123 则显示成功登录,如果输入其他内容或者不输入任何内容,则显示登录失败。

第 4 章

Struts 2 体系

通过第 3 章的实例已经基本了解 Struts 2 框架的 MVC 实现,本章将系统的介绍 Struts 2 的框架结构。通过本章的学习,可以达到以下目标:
> 深入了解 Struts 2 的处理流程;
> 掌握 Struts 2 的基本配置;
> 掌握 Struts 2 的核心工作原理及配置文件的使用方法。

4.1 Struts 2 框架架构

Struts 2 的核心控制器 FilterDispatcher 负责监听用户请求,并对用户请求进行分发,分发给 Struts 2 的控制器,控制器负责处理用户请求,处理用户请求时回调业务控制器的 execute 方法,该方法的返回值决定了 Struts 2 将怎样的视图资源呈现给用户。

Struts 2 用于处理用户请求的 Action 实例,并不是用户实现的业务控制器,而是 Action 代理,因为用户实现的业务控制器并没有与 Servlet API 耦合,显然无法处理用户请求。而 Struts 2 框架提供了系列拦截器,该系列拦截器负责将 HttpServletRequest 请求中的请求参数解析出来,传入 Action 中,并回调 Action 的 execute 方法来处理用户请求。

显然,上面的处理过程是典型的 AOP(面向切面编程)处理方式。图 4-1 显示了这种处理模型。

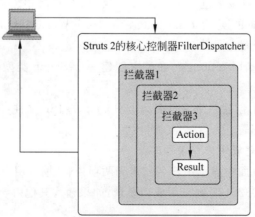

图 4-1 Struts 2 体系框架

Struts 2 框架的大致处理流程如下。

（1）浏览器发送请求,例如请求/mypage.action、/reports/myreport.pdf 等。
（2）核心控制器 FilterDispatcher 根据请求决定调用合适的 Action。
（3）Struts 2 的拦截器链自动对请求应用通用功能,例如验证或文件上传等功能。
（4）回调 Action 的 execute 方法,该 execute 方法先获取用户请求参数,因为 Action 只是一个控制器,它会调用业务逻辑组件来处理用户的请求。
（5）Action 的 execute 方法返回值决定了 Struts 2 将怎样的视图资源呈现给用户。

4.2 Struts 2 的基本配置

前面大致介绍了 Struts 2 框架的处理流程,但这些基本内容都必须建立在 Struts 2 的配置文件基础之上,这些配置文件的配置信息也是 Struts 2 应用的核心部分。

4.2.1 配置 web.xml 文件

任何 MVC 框架都需要与 Web 应用整合,这就不得不借助于 web.xml 文件,只有配置在 web.xml 文件中 Servlet 才会被应用加载。

通常所有的 MVC 框架都需要 Web 应用加载一个核心控制器,对于 Struts 2 框架而言,需要加载 FilterDispatcher,只要 Web 应用负责加载 FilterDispatcher,FilterDispatcher 就会加载应用的 Struts 2 框架。

配置 FilterDispatcher 的代码片段如下。

```xml
<!-- 配置 Struts 2 框架的核心 Filter -->
<filter>
    <!-- 配置 Struts 2 核心 Filter 的名字 -->
    <filter-name>struts</filter-name>
    <!-- 配置 Struts 2 核心 Filter 的实现类 -->
    <filter-class>
        org.apache.struts2.dispatcher.FilterDispatcher
    </filter-class>
    <init-param>
        <!-- 配置 Struts 2 框架默认加载的 Action 包结构 -->
        <param-name>actionPackages</param-name>
        <param-value>
            org.apache.struts2.showcase.person
        </param-value>
    </init-param>
    <!-- 配置 Struts 2 框架的提供者类 -->
    <init-param>
        <param-name>configProviders</param-name>
        <param-value>lee.MyConfigurationProvider</param-value>
    </init-param>
</filter>
```

正如上面看到的,当配置 Struts 2 的 FilterDispatcher 类时,可以指定一系列的初始化参数,为该 Filter 配置初始化参数时,其中有 3 个初始化参数有特殊意义。

(1) config:该参数的值是一个以英文逗号(,)隔开的字符串,每个字符串都是一个 XML 配置文件的位置。Struts 2 框架将自动加载该属性指定的系列配置文件。

(2) actionPackages:该参数的值也是一个以英文逗号(,)隔开的字符串,每个字符串都是一个包空间,Struts 2 框架将扫描这些包空间下的 Action 类。

(3) configProviders:如果用户需要实现自己的 ConfigurationProvider 类,用户可以提供一个或多个实现了 ConfigurationProvider 接口的类,然后将这些类的类名设置成该属性的值,多个类名之间以英文逗号(,)隔开。

除此之外,还可在此文件中配置 Struts 2 常量,每个＜init-param＞元素配置一个 Struts 2 常量,其中＜param-name＞子元素指定了常量 name,而＜param-value＞子元素指定了常量 value。

在 web.xml 文件中配置了该 Filter,还需要配置该 Filter 拦截的 URL。通常让该 Filter 拦截所有的用户请求,因此使用通配符来配置该 Filter 拦截的 URL。

下面是配置该 Filter 拦截 URL 的代码片段。

```
<!-- 配置 Filter 拦截的 URL -->
    <filter-mapping>
        <!-- 配置 Struts 2 的核心 FilterDispatcher 拦截所有用户请求 -->
        <filter-name>struts</filter-name>
        <url-pattern>/*</url-pattern>
    </filter-mapping>
```

配置了 Struts 2 的核心 FilterDispatcher 后,基本上完成了 Struts 2 在 web.xml 文件中的配置。

4.2.2 配置 Action 的 struts.xml 文件

Struts 框架的核心配置文件就是 struts.xml 配置文件,该文件主要管理 Struts 2 框架的业务控制器 Action。

struts.xml 文件内定义了 Struts 2 的系列 Action,定义 Action 时,指定该 Action 的实现类,并定义该 Action 处理结果与视图资源之间的映射关系。

下面是一个 struts.xml 配置文件的示例。

```
<?xml version="1.0" encoding="UTF-8" ?>
<!DOCTYPE struts PUBLIC
    "-//Apache Software Foundation//DTD Struts Configuration 2.0//EN"
    "http://struts.apache.org/dtds/struts-2.0.dtd">

<struts>
    <!-- Struts 2 的 Action 都必须配置在 package 中 -->
    <package name="default" extends="struts-default">
```

```xml
<!-- 定义一个 Logon 的 Action,实现类为 lee.Logon -->
<action name = "Logon" class = "lee.Logon">
    <!-- 配置 Action 返回 input 时转入/pages/Logon.jsp 页面 -->
    <result name = "input">/pages/Logon.jsp</result>
    <!-- 配置 Action 返回 cancel 时重定向到名为 Welcome 的 Action -->
    <result name = "cancel" type = "redirectAction">Welcome</result>
    <!-- 配置 Action 返回 success 时重定向到名为 MainMenu 的 Action -->
    <result type = "redirectAction">MainMenu</result>
    <!-- 配置 Action 返回 expired 时进入名为 ChangePassword 的 Action 链 -->
    <result name = "expired" type = "chain">ChangePassword</result>
</action>
<!-- 定义 Logoff 的 Action,实现类为 lee.Logoff -->
<action name = "Logoff" class = " lee.Logoff">
    <!-- 配置 Action 返回 success 时重定向到名为 Welcome 的 Action -->
    <result type = "redirectAction">Welcome</result>
</action>
</package>
</struts>
```

在上面的 struts.xml 文件中定义了两个 Action。定义 Action 时,不仅定义了 Action 的实现类,而且在定义 Action 的处理结果时指定了多个<result.../>元素,<result.../>元素指定了 execute 方法返回值和视图资源之间的映射关系。对于如下配置片段。

```xml
<result name = "cancel" type = "redirectAction">Welcome</result>
```

上述代码表示当 execute 方法返回 cancel 的字符串时,跳转到 Welcome 的 Action。定义 result 元素时,可以指定两个属性: type 和 name。其中,name 指定了 execute 方法返回的字符串,而 type 指定转向的资源类型,此处转向的资源可以是 JSP,也可以是 FreeMarker 等,甚至是另一个 Action,这也是 Struts 2 可以支持多种视图技术的原因。

在默认情况下,Struts 2 框架将自动加载放在 WEB-INF/classes 路径下的 struts.xml 文件。在大部分应用里,随着应用规模的扩大,系统中的 Action 数量也会增加,导致 struts.xml 配置文件变得非常臃肿。

为了避免 struts.xml 文件过于庞大、臃肿,提高 struts.xml 文件的可读性,可以将一个 struts.xml 配置文件分解成多个配置文件,然后在 struts.xml 文件中包含其他配置文件。

下面的 struts.xml 文件中就通过 include 手动导入了一个配置文件:struts-part1.xml 文件,通过这种方式,就可以将 Struts 2 的 Action 按模块配置在多个配置文件中。下面是一个 struts.xml 配置文件的示例。

```xml
<?xml version = "1.0" encoding = "UTF-8" ?>
<!-- 指定 Struts 2 配置文件的 DTD 信息 -->
<!DOCTYPE struts PUBLIC
```

```
         " - //Apache Software Foundation//DTD Struts Configuration 2.0//EN"
         "http://struts.apache.org/dtds/struts-2.0.dtd">
<!-- 下面是 Struts 2 配置文件的根元素 -->
<struts>
    <!-- 通过 include 元素导入其他配置文件 -->
    <include file = "struts-part1.xml" />
</struts>
```

通过这种方式,Struts 2 提供了一种模块化的方式来管理 struts.xml 配置文件。

4.2.3 配置 Struts 2 全局属性的 struts.properties 文件

struts.properties 文件的示例如下。

```
//指定 Struts 2 处于开发状态
struts.devMode = false
//指定当 Struts 2 配置文件改变后,Web 框架是否重新加载 Struts 2 配置文件
struts.configuration.xml.reload = true
```

正如上面看到的,struts.properties 文件的形式是系列的键值对,用于指定 Struts 2 应用的全局属性。

4.3 Struts 2 的标签库

Struts 2 的标签库也是 Struts 2 的重要组成部分,Struts 2 的标签库提供了非常丰富的功能,这些标签库不仅提供了表现层数据处理功能,而且提供了基本的流程控制功能,还提供了国际化、Ajax 支持等功能。

通过使用 Struts 2 的标签,开发者可以最大限度地减少页面代码的书写。

接下来从表单定义片段看两者区别,下面是使用了传统的 HTML 标签定义表单元素,定义代码片段如下所示。

```
<!-- 定义一个 Action -->
<form method = "post" action = "basicvalid.action">
<!-- 下面定义 3 个表单域 -->
名字:<input type = "text" name = "name" /><br />
年纪:<input type = "text" name = "age" /><br />
喜欢的颜色:<input type = "text" name = "favorite" /><br />
<!-- 定义一个输出按钮 -->
<input type = "submit" value = "提交" />
</form>
```

下面的一段代码是使用 Struts 2 标签的方式定义表单,具备输出校验信息的功能。

```
<!-- 使用 Struts 2 标签定义 1 个表单 -->
<s:form method = "post" action = "basicvalid.action">
<!-- 下面使用 Struts 2 标签定义 3 个表单域 -->
<s:textfield label = "名字" name = "name" />
<s:textfield label = "年纪" name = "age" />
<s:textfield label = "喜欢的颜色" name = "answer" />
<!-- 定义一个提交按钮 -->
<s:submit />
</s:form>
```

4.4 Struts 2 组件

Struts 2 框架由 3 个部分组成：核心控制器 FilterDispatcher、业务控制器和用户实现的业务逻辑组件。在这 3 个部分里，Struts 2 框架提供了核心控制器 FilterDispatcher，而用户需要实现业务控制器和业务逻辑组件。各个组件之间的关系如图 4-2 所示。

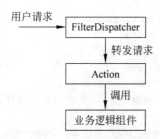

图 4-2 Struts 2 各组件之间的关系

4.4.1 Struts 2 的核心控制器：FilterDispatcher

Struts 2 的控制器组件是 Struts 2 框架的核心，事实上，所有 MVC 框架都是以控制器组件为核心的。Struts 2 的控制器由两部分组成：FilterDispatcher 和业务控制器 Action。

FilterDispatcher 是 Struts 2 框架的核心控制器，该控制器作为一个 Filter 运行在 Web 应用中，它负责拦截所有的用户请求，当用户请求到达时，该 Filter 会过滤用户请求。如果用户请求以 action 结尾，该请求将被转入 Struts 2 框架处理。

Struts 2 框架获得了 *.action 请求后，将根据 *.action 请求的前面部分决定调用哪个业务逻辑组件，例如，对于 login.action 请求，Struts 2 调用名为 login 的 Action 来处理该请求。

Struts 2 应用中的 Action 都被定义在 struts.xml 文件中，在该文件中定义 Action 时，定义了该 Action 的 name 属性和 class 属性，其中，name 属性决定了该 Action 处理哪个用户请求，而 class 属性决定了该 Action 的实现类。

4.4.2 业务控制器

下面是 Struts 2 的 Action 代码示例。

```java
package com.bitc.edu.action;
public class LoginAction {
    //下面是 Action 内用于封装用户请求参数的两个属性
    private String username;
    private String password;
    //生成属性的 setter 和 getter 方法
    public String getUsername() {
        return username;
    }
    public void setUsername(String username) {
        this.username = username;
    }
    public String getPassword() {
        return password;
    }
    public void setPassword(String password) {
        this.password = password;
    }
    //处理用户请求的 execute 方法
    public String execute() throws Exception{
    //当用户请求参数的 username 等于 bitc、密码请求参数为 123456 时,返回 success
    //字符串,否则返回 error 字符串
        if(getUsername().equals("bitc")&&getPassword().equals("123456")){
            return "success";
        }else{
            return "error";
        }
    }
}
```

通过查看上面的 Action 代码会发现,该 Action 没有实现任何父接口,没有继承任何 Struts 2 基类,该 Action 类完全是一个 POJO(普通、传统的 Java 对象),因此具有很好的复用性。

归纳起来,该 Action 类有如下优势。

(1) Action 类完全是一个 POJO,因此具有很好的代码复用性。

(2) Action 类无须与 Servlet API 耦合,因此进行单元测试非常简单。

(3) Action 类的 execute 方法仅返回一个字符串作为处理结果,该处理结果可以映射到任何视图,甚至是另一个 Action。

业务控制器组件就是用户实现 Action 类的实例,Action 类中通常包含一个 execute 方法,可以返回一个字符串,该字符串就是一个逻辑视图名,当业务控制器处理完用户请求后,根据处理结果不同,execute 方法将返回不同的字符串,每个字符串对应一个视

图名。

程序员开发出系统所需要的业务控制器后,还需要到 Struts 2 的配置文件中配置 Action 的如下 3 部分定义。

(1) Action 所处理的 URL。
(2) Action 组件所对应的实现类。
(3) Action 里包含的逻辑视图和物理资源之间的对应关系。

每个 Action 都要处理一个用户请求,而用户请求总是包含指定的 URL。当 Filter Dispatcher 拦截到用户请求后,根据请求的 URL 和 Action 处理 URL 之间的对应关系来进行转发。

4.4.3 Struts 2 的模型组件

Java EE 应用中的模型组件通常是指系统的业务逻辑组件,广义上还包含 DAO、域模型对象等组件。

实际上,模型组件已经超出了 MVC 框架的覆盖范围。对于 Struts 2 框架而言,通常没有为模型组件的实现提供太多的帮助。

通常,MVC 框架里的业务控制器会调用模型组件的方法来处理用户请求。也就是说,业务控制器不会对用户请求进行任何实际处理,用户请求最终由模型组件负责处理。业务控制器只是中间负责调度的调度器,这也是称 Action 为控制器的原因。

4.4.4 Struts 2 的视图组件

Struts 2 已经改变了 Struts 1 只能使用 JSP 作为视图技术的现状,Struts 2 允许使用其他的模板技术,如 FreeMarker、Velocity 作为视图技术。

当 Struts 2 的控制器返回逻辑视图名时,逻辑视图并未与任何的视图技术关联,仅仅是返回一个字符串,该字符串就是逻辑视图名。

当在 struts.xml 文件中配置 Action 时,不仅需要指定 Action 的 name 属性和 class 属性,还要为 Action 元素指定系列 result 子元素,每个 result 子元素定义一个逻辑视图和物理视图之间的映射。前面所介绍的应用都使用了 JSP 技术作为视图,故配置 result 子元素时没有指定 type 属性,默认使用 JSP 作为视图资源。

如果需要在 Struts 2 中使用其他视图技术,则可以在配置 result 子元素时,指定相应的 type 属性。例如,如果需要使用 FreeMarker,则为 result 指定值为 freemarker 的 type 属性;如果想使用 Velocity 模板技术作为视图资源,则为 result 指定值为 velocity 的 type 属性。

4.5 Struts 2 的配置文件

4.5.1 常量配置

Struts 2 框架有两个核心配置文件,其中 struts.xml 文件主要负责管理应用中的 Action 映射以及 Action 处理结果和物理资源之间的映射关系。除此之外,Struts 2 框架还包含了一个 struts.properties 文件,该文件配置了 Struts 2 框架的大量常量属性。但通常推荐在 struts.xml 文件中来配置这些常量属性。

在不同文件中配置常量的方式是不一样的,但不管在哪个文件中,配置 Struts 2 常量都要指定两个属性:常量 name 和常量 value。

struts.xml 文件中通过 constant 元素来配置常量,下面是在 struts.xml 文件中配置常量的代码示例。

```xml
<struts>
    <!-- 通过 constant 元素配置 Struts 2 的属性 -->
    <constant name="struts.custom.i18n.resources" value="globalMessage" />
</struts>
```

与之等效的在 struts.properties 文件中配置该属性的代码如下。

```
#配置国际化文件
struts.custom.i18n.resources = globalMessage
```

4.5.2 包配置

Struts 2 框架使用包来管理 Action 和拦截器等组件。每个包是多个 Action、多个拦截器、多个拦截器应用的集合。

从概念上说包与对象有点相似,因为它们都可以被继承并且某些部分可以被"子包"重写。

package 元素必须有 name 属性,name 属性对 package 的引用起主要作用。package 元素的 extends 属性是可选的,这个属性可以让一个 package 继承另一个或更多的 package,包括继承其他包的拦截器、拦截器栈和 Action。

package 元素的属性如下。

(1) name:必填属性,指定该包的名称,此名是该包被其他包引用的关键字。

(2) extends:可选属性,指定该包继承了其他包。可继承其他包的 Action、拦截器、拦截器栈等。

(3) namespace:可选属性,指定该包的命名空间。

(4) abstract:可选属性,指定该包是否为一个抽象包。抽象包中不能包含 Action 定义。

下面是 struts.xml 文件的代码,其中对 name 为 default 的 package 元素进行了配置。

```xml
<!DOCTYPE struts PUBLIC
        "-//Apache Software Foundation//DTD Struts Configuration 2.0//EN"
        "http://struts.apache.org/dtds/struts-2.0.dtd">
<struts>
    <!-- Struts 2 的 Action 必须放在一个指定的包空间下定义 -->
```

```xml
<package name="default" extends="struts-default">
    <!-- 定义处理请求 URL 为 login.action 的 Action -->
    <action name="login" class="com.bitc.edu.action.LoginAction">
        <!-- 定义处理结果字符串和资源之间的映射关系 -->
        <result name="success">/success.jsp</result>
        <result name="error">/error.jsp</result>
    </action>
</package>
</struts>
```

4.5.3 命名空间配置

考虑到同一个 Web 应用中需要同名的 Action，Struts 2 以命名空间的方式来管理 Action，同一个命名空间不能有同名的 Action。

Struts 2 通过为包指定 namespace 属性来为包下面的所有 Action 指定共同的命名空间。

把以上示例的 struts.xml 文件改为如下形式。

```xml
<!DOCTYPE struts PUBLIC
    "-//Apache Software Foundation//DTD Struts Configuration 2.0//EN"
    "http://struts.apache.org/dtds/struts-2.0.dtd">
<struts>
    <!-- Struts 2 的 Action 必须放在一个指定的包空间下定义 -->
    <package name="default" extends="struts-default">
        <!-- 定义处理请求 URL 为 login.action 的 Action -->
        <action name="login"   class="com.bitc.edu.action.LoginAction">
            <!-- 定义处理结果字符串和资源之间的映射关系 -->
            <result name="success">/success.jsp</result>
            <result name="error">/error.jsp</result>
        </action>
    </package>
    <package name="my" extends="struts-default" namespace="/manage">
        <!-- 定义处理请求 URL 为 login.action 的 Action -->
        <action name="backLogin"
            class="com.bitc.edu.action.LoginAction">
            <!-- 定义处理结果字符串和资源之间的映射关系 -->
            <result name="success">/success.jsp</result>
            <result name="error">/error.jsp</result>
        </action>
    </package>
</struts>
```

如上代码配置了两个包：default 和 my，配置 my 包时指定了该包的命名空间为 /manage。

对于 default 包，没有指定 namespace 属性。如果某个包没有指定 namespace 属性，则该包使用默认的命名空间,默认的命名空间总是空字符串""。

对于包 my,指定了命名空间/manage,则该包下所有的 Action 处理的 URL 应该是"命名空间/Action 名"。上述代码中名为 backLogin 的 Action 处理的 URL 为 http://localhost:8080/userlogin_Struts 2/manage/backLogin.action。

4.5.4 包含配置

<include/>标签是用来模块化 Struts 2 程序的,这需要包含其他的配置文件。<include/>标签只包含一个属性,该属性的值是要包含的*.xml 文件的名称。下面的配置文件代码中包含了其他.xml 文件。

```
<struts>
    <include file = "struts-default.xml"/>
    <include file = "struts-user.xml"/>
    <include file = "struts-book.xml"/>
    <include file = "struts-shoppingCart.xml"/>
    ⋮
</struts>
```

当引入文件的时候,顺序很重要。被引入文件的信息会在<include>标签放置文件的地方生效。

还有些文件会同时被引入进来,如 struts-default.xml 文件和 struts-plugin.xml 文件。它们都包含了结果类型、拦截器、拦截器栈、package 的默认配置信息,还有 Web 程序执行环境的配置信息(也可以在 struts.properties 文件中配置)。不同的是,struts-default.xml 提供了 Struts 2 的核心配置,struts-plugin.xml 提供了流行插件的配置。每一个 JAR 插件文件都应该包含一个 struts-plugin.xml 文件,这些都会在启动时被加载。

4.5.5 拦截器配置

拦截器采用了 AOP(面向切面编程)的编程思想。拦截器允许在 Action 处理开始之前,或者 Action 处理结束之后,插入开发者自定义的代码。

在很多时候需要对多个 Action 进行相同的操作,例如权限控制等,此处就可以使用拦截器来检查用户是否登录,用户的权限是否足够,在与 Spring 进行整合时,也可以使用 Spring 的 AOP 来完成,通常,使用拦截器可以完成如下操作。

(1) 进行权限控制。

(2) 跟踪系统日志(记录每个浏览者是否是登录用户以及是否有足够的访问权限)。

(3) 跟踪系统的性能瓶颈(可以通过记录每个 Action 的开始处理时间和结束处理时间,从而取得耗时较长的 Action)。

Struts 2 也允许将多个拦截器组合在一起,形成一个拦截器栈。对于 Struts 2 系统而言,多个拦截器组成的拦截器栈对外也表现成一个拦截器。

定义拦截器栈之前,必须先定义组成拦截器栈的多个拦截器,Struts 2 把拦截器栈当成拦截器处理,因此拦截器和拦截器栈都放在配置文件的<intercepteors.../>元素中定义。下面的代码片段是在配置文件中对拦截器进行的定义。

```xml
<interceptors>
<!--定义权限检查的拦截器-->
<interceptor name="authority" class="com.bitc.edu.AuthorityInterceptor"/>
<!--定义日志记录的拦截器-->
<interceptor name="log" class="com.bitc.edu.LogIngerceptor"/>
<!--定义一个拦截器栈-->
<interceptor-stack name="authorityandlog">
    <!--定义该拦截器里包含authority拦截器-->
    <interceptor-ref name="authority"/>
    <!--定义该拦截器里包含log拦截器-->
    <interceptor-ref name="log"/>
</interceptor-stack>
</interceptors>
```

在上面的拦截器配置代码中定义了两个拦截器,并将两个拦截器组成一个拦截器栈。定义了拦截器和拦截器栈之后,即可在 Action 中以相同的方式使用拦截器和拦截器栈。下面的代码片段定义了一个名称为 MyAction 的 Action,并在该 Action 内引用了一个名称为 authorityandlog 的拦截器栈。

```xml
<action name="MyAction" class="com.bitc.edu.action.MyAction">
        <result name="success">...</result>
        <interceptor-ref name="authorityandlog"/>
</action>
```

小结

本章介绍了 Struts 2 框架的大致处理流程,Struts 2 的基本配置文件,其中包括 web.xml 文件、struts.xml 文件 和 struts.properties 文件。介绍了 Struts 2 的标签库的基本概念。之后对 Struts 2 框架的 3 个组成部分:核心控制器 FilterDispatcher、业务控制器和用户实现的业务逻辑组件进行了描述。通过对 struts.xml 文件的深入介绍,可使读者对 Struts 2 应用中的常量配置、包配置、命名空间配置、包含配置、拦截器配置获得一定了解。

习题

一、填空题

1. Tomcat 启动成功后,打开浏览器,在地址栏中输入_____,可以看到 Tomcat 的主界面,标识 Tomcat 安装成功。

2. Strtus 2 的 Full Distribution 版包含的内容有：_____、_____、_____、
_____。

3. 在 Struts 2 的配置文件 struts.xml 中，action 的默认 class 为_____；action 的默认 method 是_____方法；result 的 name 属性默认值为_____。

4. 在 struts.xml 文件中，package 属性的作用是_____，package 包中的 name 属性为_____，namespace 属性的作用为_____。extend 的属性为_____。

5. Struts 2 使用_____来处理用户请求。

二、选择题

1. 在 Struts 应用的视图中包含哪些组件？（多选）
   A. JSP   B. Servlet
   C. ActionServlet   D. Action
   E. 代表业务逻辑或业务数据的 JavaBean   F. EJB
   G. 客户化标签

2. 在 Struts 应用的控制器中包含哪些组件？（多选）
   A. JSP   B. Servlet
   C. ActionServlet   D. Action
   E. 代表业务逻辑或业务数据的 JavaBean   F. EJB
   G. 客户化标签

3. 在 Struts 应用的模型中包含哪些组件？（多选）
   A. JSP   B. Servlet
   C. ActionServlet   D. Action
   E. 代表业务逻辑或业务数据的 JavaBean   F. EJB
   G. 客户化标签

4. 以下代码定义了一个变量，如何输出这个变量的值？（多选）

   `<bean:define id = \"stringBean\" value = "helloWorld"/>`

   A. `<bean:write name="stringBean\"/>`
   B. `<bean:write name="helloWorld\"/>`
   C. `<%= stringBean%>`
   D. `<% String myBean =
      (String) pageContext.getAttribute(" stringBean", PageContext.PAGE_SCOPE);
      %>
      <%=myBean%>`

5. 把静态文本放在 Resource Bundle 中，而不是直接在 JSP 文件中包含这些静态文本，有什么优点？（多选）
   A. 提高可维护性   B. 提高可重用性

C. 支持国际化 D. 提高运行速度

6. 以下哪种说法是正确的？（单选）

   A. 每个 HTTP 请求对应一个单独的 ActionServlet 实例

   B. 对于每个请求访问 HelloAction 的 HTTP 请求，Struts 框架会创建一个单独的 HelloAction 实例

   C. 每个子应用对应一个单独的 RequestProcessor 实例

   D. 每个子应用对应一个单独的 web.xml 文件

7. 下面哪些任务是 RequestProcessor 完成的？（多选）

   A. 把 Struts 配置文件信息加载到内存中

   B. 把资源文件信息读入内存中

   C. 如果需要，创建 ActionForm 实例，组装数据，并进行表单验证

   D. 找到匹配的 Action 实例，调用其 execute() 方法

   E. 把请求转发到 Action 的 execute() 方法返回的 ActionForward 代表的组件

8. 对于以下代码，HelloAction 希望把请求转发给 hello.jsp，在 HelloAction 的 execute() 方法中如何实现？（多选）

```
<action    path     = \"/HelloWorld\"
           type     = \"hello.HelloAction\"
           name     = \"HelloForm\"
           scope    = \"request\"
           validate = \"true\"
           input    = \"/hello.jsp\"
>
           <forward name = \"SayHello\" path = \"/hello.jsp\" />
</action>
```

   A. return (new ActionForward(mapping.getInput()));

   B. return (mapping.findForward(\"SayHello\"));

   C. return (mapping.findForward("hello.jsp\"));

9. 对于以下这段配置 ActionServlet 的代码，哪些说法是正确的？（多选）

```
<servlet>
    <servlet-name>action</servlet-name>
    <servlet-class>org.apache.struts.action.ActionServlet</servlet-class>
    <init-param>
      <param-name>config</param-name>
      <param-value>/WEB-INF/myconfig.xml</param-value>
    </init-param>
     <load-on-startup>2</load-on-startup>
</servlet>
<!-- Standard Action Servlet Mapping -->
<servlet-mapping>
    <servlet-name>action</servlet-name>
```

```
<url-pattern>*.do</url-pattern>
</servlet-mapping>
```

    A. Servlet 容器在启动 Struts 应用时,会初始化这个 ActionServlet

    B. 对于所有 URL 中以".do"结尾的 HTTP 请求,都由 ActionServlet 处理

    C. 这段代码位于 struts-config.xml 中

    D. 这段代码位于 web.xml 中

10. MVC 是指:_____（多选）

    A. 模型   B. 导航

    C. 控制器   D. 视图

三、简答题

1. 描述 Struts 2 框架的处理流程。
2. 简述 Struts 2 框架中控制器的作用,如何在 struts.xml 文件中配置控制器。
3. 用实例描述如何在 struts.xml 中实现显示跳转页面的原始内容。
4. 写出为 Action 的属性注入值的 struts.xml 代码。

第 5 章

使用Struts 2框架开发人事管理系统——职称类别管理

前面已经介绍了 Struts 2 的基本概念,并在第 3 章中以用户登录为例,介绍了如何使用 Struts 2 框架进行开发,本章将在以上内容的基础上,以人事管理系统中的职称类别管理模块为例,讲解如何进行 Struts 2 工程的开发。通过本章的学习,可以达到以下目标:
- 能够使用 Struts 2 框架进行简单 Web 工程开发;
- 掌握 Struts 2 中 Action 的使用技巧;
- 深入理解 Struts 2 框架的组成部分;
- 能够在 struts.xml 文件中进行基本的常量配置、包配置、命名空间配置、包含配置、拦截器配置。

5.1 数据库设计

本应用中的职称类别管理模块是某规划研究院人事管理系统中的一部分。职称类别管理模块的功能主要包括职称类别添加、职称类别修改、职称类别删除及职称类别列表显示。

本功能模块的开发属于简单模块开发,主要是帮助读者理解 Struts 2 的应用流程,只涉及一个数据库表。

职称类别(position_title_type)表结构如表 5-1 所示。

表 5-1 职称类别(position_title_type)表结构

字段	说明	字段	说明
id	自增编号	remark	备注
name	职称类别名称	del_status	删除状态

创建职称类别表的代码如下所示。

```
create table position_title_type (
    id int not null,
    name varchar(20),
    remark varchar(200),
```

```
        del_status varchar(1),
        primary key (id)
);
```

5.2 功能分析

5.2.1 模块功能

职称类别管理模块的用例图如图 5-1 所示。

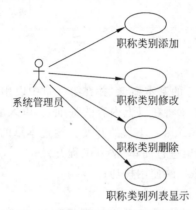

图 5-1 职称类别管理模块用例图

从图 5-1 中可以看出,职称类别管理操作是由系统管理员进行的,包括职称类别添加、职称类别修改、职称类别删除、职称类别列表显示。

5.2.2 功能描述

1. 职称类别添加

职称类别添加功能描述如表 5-2 所示。

表 5-2 职称类别添加功能描述

名称、标识符	职称类别添加
功能描述	职称类别信息添加
参与用户	获得该权限的用户
输入	无
操作序列	(1)进入职称类别添加页面 (2)添加职位类别信息:职称名称、职称备注 (3)单击"保存"按钮
输出	保存职称信息到数据库中
补充说明	需要添加的职称信息如下 科研系列:研究员,副研究员(高级工程师),助理研究员(工程师),研究实习员(助理工程师) 行政系列:局级,副局级,处级,副处级,科级,副科级,科员,办事员 工人系列:高级技师,技师,高级工,中级工,初级工,普通工

2. 职称类别修改

职称类别修改功能描述如表5-3所示。

表 5-3 职称类别修改功能描述

名称、标识符	职称类别修改
功能描述	职称类别信息修改
参与用户	获得该权限的用户
输入	已录入的职称信息
操作序列	(1) 进入职称类别修改页面 (2) 修改职称信息：职称名称、职称备注 (3) 单击"保存"按钮
输出	更新职称信息到数据库中
补充说明	

3. 职称类别删除

职称类别删除功能描述如表5-4所示。

表 5-4 职称类别删除功能描述

名称、标识符	职称类别删除
功能描述	职称类别信息删除
参与用户	获得该权限的用户
输入	已录入的职称信息
操作序列	(1) 进入职称类别列表显示页面 (2) 选择需要删除的职称类别，单击"删除"按钮即可删除职称类别信息
输出	更新数据库信息
补充说明	

4. 职称类别列表显示

职称类别列表显示功能描述如表5-5所示。

表 5-5 职称类别列表显示功能描述

名称、标识符	职称类别列表显示
功能描述	查看职称类别信息列表
参与用户	获得该权限的用户
输入	已录入的职称信息
操作序列	(1) 进入职称类别列表显示页面 (2) 查看职称信息：职称名称 (3) 输入职称名称，可以根据条件筛选职称类别信息
输出	筛选出符合条件的职称信息
补充说明	

5.2.3 操作序列

(1) 职称类别添加操作的序列如图5-2所示。

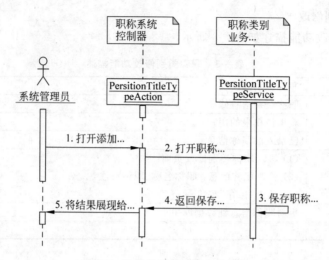

图 5-2　职称类别添加操作序列图

（2）职称类别修改操作的序列如图 5-3 所示。

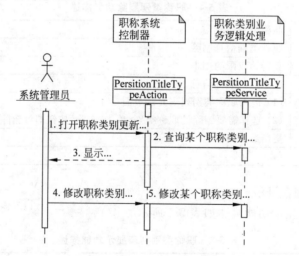

图 5-3　职称类别修改操作序列图

（3）职称类别删除操作的序列如图 5-4 所示。

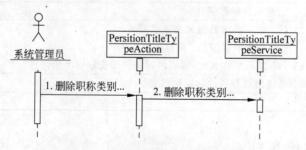

图 5-4　职称类别删除操作序列图

(4) 职称类别列表显示操作的序列如图 5-5 所示。

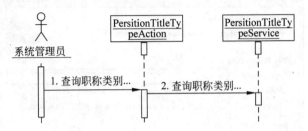

图 5-5　职称类别列表显示操作序列图

5.3　职称类别管理模块通用部分的实现

5.3.1　工程结构

职称类别管理模块的工程结构如图 5-6 所示。

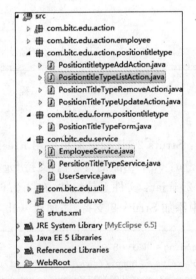

图 5-6　职称类别管理模块的工程结构

5.3.2　功能实现

步骤一：创建 Web 工程，工程名称为 human，如图 5-7 所示，输入名称后，单击 Finish 按钮，完成工程创建。

步骤二：添加依赖包，需添加 Struts 2 所需的依赖包和 JSTL 所需的依赖包，所需要的包如下所示。

struts2-core-2.1.8.1.jar：Struts 2 框架的核心类库

xwork-core-2.1.6.jar：XWork 类库，Struts 2 在其上构建

ognl-2.7.3.jar：对象图导航语言（Object Graph Navigation Language），Struts 2 框

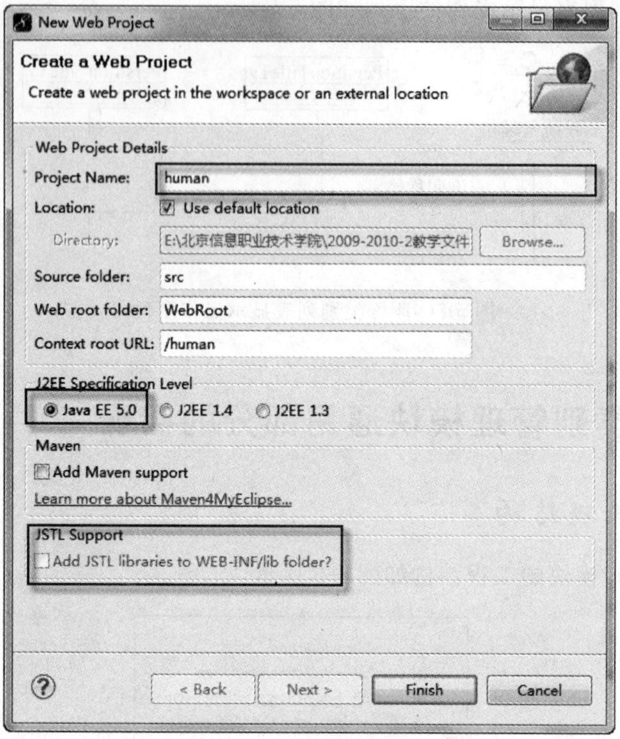

图 5-7 创建 human Web 工程

架通过它读取对象的属性。

freemarker-2.3.15.jar：Struts 2 UI 标记模板使用 FreeMarker 编写。

commons-logging-1.0.4.jar：ASF 出品的日志包，支持 log4j 和 JDK 1.4＋日志记录。

commons-fileupload-1.2.1.jar：文件上传组件，在 2.1.6 版本后必须加入此文件。

步骤三：在 web.xml 中添加 Struts 2 支持，添加后 web.xml 文件的代码如下所示。

```xml
<?xml version = "1.0" encoding = "UTF-8"?>
<web-app version = "2.5" xmlns = "http://java.sun.com/xml/ns/javaee"
    xmlns:xsi = "http://www.w3.org/2001/XMLSchema-instance"
    xsi:schemaLocation = "http://java.sun.com/xml/ns/javaee
    http://java.sun.com/xml/ns/javaee/web-app_2_5.xsd">
<filter>
    <filter-name>struts2</filter-name>
    <filter-class>
        org.apache.struts2.dispatcher.ng.filter.StrutsPrepareAndExecuteFilter
    </filter-class>
</filter>

<filter-mapping>
    <filter-name>struts2</filter-name>
```

```
        <url-pattern>/*</url-pattern>
    </filter-mapping>

</web-app>
```

步骤四：在 src 中添加 struts.xml 文件，该文件的具体内容如下所示。

```
<?xml version="1.0" encoding="UTF-8"?>
<!DOCTYPE struts PUBLIC
    "-//Apache Software Foundation//DTD Struts Configuration 2.0//EN"
    "http://struts.apache.org/dtds/struts-2.0.dtd">

<struts>

</struts>
```

步骤五：在 Tomcat Web 应用服务器中，部署并运行该工程，在控制台中，如果没有错误输出，证明 Struts 2 的开发环境配置正确。

步骤六：在 MySQL 中创建数据库，命名为 human，并设置 Database charset 为 gbk，Database collation 为 gbk_chinese_ci，使数据库支持中文，如图 5-8 所示。

图 5-8　创建数据库 human

步骤七：在数据库中创建 position_title_type 表的数据库脚本如下所示。

```
create table position_title_type
(
    id int not null,
    name varchar(20),
    remark varchar(200),
    del_status varchar(1),
    primary key (id)
);
```

步骤八：创建数据库连接程序。

（1）新建数据库连接类。在工程的 src 目录下新建包 com.bitc.edu.util，此包为实用程序包，存放工程常用的实用程序类，在该包下创建数据库连接程序 DbManager.java。

```java
package com.bitc.edu.util;

import java.sql.Connection;
import javax.naming.Context;
import javax.naming.InitialContext;
import javax.naming.NamingException;
public class DbManager {
    /**
     * 连接人事管理系统数据库
     * @return
     */
    public Connection GetConnection (){
        Connection conn = null;
        Context initCtx;
        try {
            initCtx = new InitialContext();
            Context ctx = (Context) initCtx.lookup("java:comp/env");
            Object obj = (Object) ctx.lookup("jdbc/human");
            javax.sql.DataSource ds = (javax.sql.DataSource) obj;
            conn = ds.getConnection();
        } catch (NamingException e) {
            e.printStackTrace();
        } catch (Exception e) {
            e.printStackTrace();
        }
        return conn;
    }
}
```

（2）创建 context.xml 文件。在工程的 WebRoot 下的 META-INF 文件夹中新建 context.xml 文件，文件内容如下所示。

```xml
< Context path = "human" docBase = "human" debug = "5" reloadable = "true"
    crossContext = "true">
    < Resource name = "jdbc/human" auth = "Container"
        type = "javax.sql.DataSource"   maxActive = "100"   maxIdle = "30"
        maxWait = "10000"   username = "root"   password = "root"
        driverClassName = "com.mysql.jdbc.Driver"
        url = "jdbc:mysql://localhost:3306/human?autoReconnect = true&amp;useUnicode = true&amp;characterEncoding = GBK">
    </Resource >
</Context >
```

注意：在 Tomcat 5.5 以上版本中，Apache 推荐将数据库连接的上下文配置文件添加到工程中，不在应用服务器中进行配置。

上述代码中的参数说明如下。

username：连接 MySQL 数据库的用户名。
password：连接数据库的密码。
driverClassName：连接数据库的 JDBC 驱动程序。
url：连接数据库的 URL。

（3）在 web.xml 中配置数据源。在 web.xml 中配置 JDBC 数据源，在 web.xml 文件中加入如下内容。

```xml
...
<resource-ref>
    <res-ref-name>jdbc/human</res-ref-name>
    <res-type>javax.sql.DataSource</res-type>
    <res-auth>Container</res-auth>
    <res-sharing-scope>Shareable</res-sharing-scope>
</resource-ref>
...
```

（4）将 MySQL 5.0 的驱动程序 mysql-connector-java-5.0.3-bin.jar 添加到工程的 CLASSPATH 中。

将工程进行部署并运行，如果没有错误出现，则表示数据库连接配置正确。

步骤九：新建域模型。

在工程的 src 目录下新建 com.bitc.edu.vo 包，新建域模型 PositionTitleType.java，具体内容如下。

```java
package com.bitc.edu.vo;
public class PositionTitleType{
    // Fields
    private Integer id;
    private String name;              //职称类别名称
    private String remark;            //备注
    private String delStatus;         //删除状态：1 未删除，2 已删除
    private int[] ids;                //多个 ID
    public int[] getIds() {
        return ids;
    }
    public void setIds(int[] ids) {
        this.ids = ids;
    }
    public Integer getId() {
        return id;
    }
    public void setId(Integer id) {
        this.id = id;
    }
    public String getName() {
        return name;
    }
```

```java
    public void setName(String name) {
        this.name = name;
    }
    public String getRemark() {
        return remark;
    }
    public void setRemark(String remark) {
        this.remark = remark;
    }
    public String getDelStatus() {
        return delStatus;
    }
    public void setDelStatus(String delStatus) {
        this.delStatus = delStatus;
    }
}
```

步骤十：在 src 目录下新建数据处理包 com.bitc.edu.service，在该包下创建业务处理类 PositionTitleTypeService.java。该模块的所有业务方法全部存放在该类中。

步骤十一：在 src 目录下新建 Struts 控制器所在的包 com.bitc.edu.action.positiontitletype，在该包下新建两个 Action，第一个为 PositionTitleTypeAction.java，该类存储的是数据列表的控制器，负责页面和业务逻辑层的衔接；第二个为 PositionTitleTypeManageAction.java，该类是对该模块进行管理的控制器，包括对职称类别进行添加、修改、单项删除、多项删除操作的控制器。以下几节中将分别说明这些功能的具体实现过程。

5.4 职称类别添加功能的实现

1. 页面显示

在 WebRoot 下新建 positionTitleType 文件夹，用来存放职称类别管理模块中所用到的 JSP 页面。

在 positionTitleType 文件夹中新建 caephrPositionTitleTypeAdd.jsp 文件，该文件为职称类别添加页面，该页面的样式如图 5-9 所示。

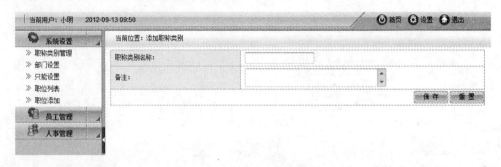

图 5-9 职称类别添加页面

职称类别添加页面的源文件 caephrPositionTitleTypeAdd.jsp 如下所示。

```jsp
<%@ page contentType="text/html;charset=UTF-8" language="Java"
    import="java.sql.*" errorPage="" %>
<%@ taglib prefix="c" uri="http://java.sun.com/jsp/jstl/core" %>
<html>
    <head>
        <title>edit</title>
        <link rel="stylesheet" type="text/css" href="../images/total.css" />
        <script type="text/javascript" language="javascript"
            src="../images/total.js"></script>
    </head>
    <body>
        <table class="idx_tab_t" cellpadding="0" cellspacing="0">
            <tr>
                <td>
                    当前位置：添加职称类别
                </td>
            </tr>
        </table>
        <form name="form1" id="form1" action="manage_save" method="post"
            onSubmit="return checkSubmit();">
            <table class="edi_tab" cellpadding="0" cellspacing="0">
                <tr>
                    <td width="12%" class="tab_c">
                        职称类别名称：
                    </td>
                    <td width="22%" colspan="3">
                        <input type="text" name="positionTitleType.name"
                            onblur="checkname();" id="name" />
                    </td>
                </tr>
                <tr>
                    <td width="12%" class="tab_c">
                        备注：
                    </td>
                    <td width="22%" colspan="3">
                        <textarea rows="" cols="50" name="positionTitleType.remark"
                            id="remark"></textarea>
                    </td>
                </tr>
                <tr>
                    <td colspan="4">
                        <div align="right">
                            <input type="submit" class="idx_bt" name="btn2" value="保 存" />
                            <input type="reset" class="idx_bt" name="btn3" value="重 置" />
                        </div>
```

```
                </td>
            </tr>
        </table>
    </form>
</body>
</html>
```

在 positionTitleType 文件夹中新建 message.jsp 文件,该文件为公用文件,用于返回操作结果,message.jsp 代码如下所示。

```
<!DOCTYPE html PUBLIC "-//W3C//DTD XHTML 1.0 Transitional//EN" "http://www.w3.org/TR/xhtml1/DTD/xhtml1-transitional.dtd">
<%@ page contentType="text/html;charset=utf-8" language="java"
    import="java.sql.*" errorPage="" %>
<%@ taglib prefix="c" uri="http://java.sun.com/jsp/jstl/core" %>
<html>
    <head>
        <meta http-equiv="Content-Type" content="text/html; charset=gb2312" />
        <title>操作结果</title>
        <link rel="stylesheet" type="text/css" href="../images/total.css" />
        <script type="text/javascript" language="javascript"
            src="../images/total.js"></script>
    </head>
    <body>
        <table class="idx_tab_t" cellpadding="0" cellspacing="0">
            <tr>
                <td>
                    当前位置:操作结果
                </td>
            </tr>
        </table>
        <table width="100%" border="0" cellspacing="0" cellpadding="0">
            <tr>
                <td height="6"></td>
            </tr>
        </table>
        <table width="98%" border="0" align="center" cellpadding="0"
            cellspacing="0" class="font">
            <tr>
                <td height="26" bgcolor="EFEFEF">
                     
                </td>
                <td width="64%" bgcolor="EFEFEF">
                     
                </td>
                <td width="14%" bgcolor="EFEFEF" align="right">
```

```html
                         
                    </td>
                </tr>
                <tr bgcolor="#CCCCCC">
                    <td height="1" colspan="3"></td>
                </tr>
            </table>
            <table width="100%" border="0" cellspacing="0" cellpadding="0">
                <tr>
                    <td height="2"></td>
                </tr>
            </table>
            <table width="98%" border="0" align="center" cellpadding="0"
                cellspacing="0">
                <tr>
                    <td height="200" align="center" valign="middle" bgcolor="#F8F8F8"
                        class="font">
                        ${message}
                    </td>
                </tr>
            </table>

            <table width="98%" border="0" align="center" cellpadding="1"
                cellspacing="1">
                <tr>
                    <td valign="top">
                        <table width="100%" border="0" cellspacing="0" cellpadding="0">
                            <tr>
                                <td height="27">
                                    <table width="100%" border="0" cellspacing="0"
                                        cellpadding="0">
                                        <tr>
                                            <td align="center" bgcolor="EFEFEF">
                                                <input type="submit" class="idx_bt"
                                                    name="btn2"
                                                    onclick="window.location.href=
                                                    'redirectAction'" value="返回列
                                                    表" />
                                            </td>
                                        </tr>
                                    </table>
                                </td>
                            </tr>
                        </table>
                    </td>
                </tr>
            </table>
            <table width="98%" border="0" align="center" cellpadding="0"
```

```
            cellspacing = "0" class = "font">

        </table>
    </body>
</html>
```

2. 业务层实现

在 PositionTitleTypeService 的业务类中新增保存的业务方法 PositionTitleTypeService.java，代码如下所示。

```java
package com.bitc.edu.service;

import java.sql.*;
import java.util.*;

import com.bitc.edu.util.DbManager;
import com.bitc.edu.vo.PositionTitleType;

public class PositionTitleTypeService {

    /**
     * 保存职称类别信息
     *
     * @param object
     * @throws Exception
     */
    public void positionTitleSave(PositionTitleType object) throws Exception {
        DbManager db = new DbManager();
        Connection conn = db.GetConnection();
        try {

            PreparedStatement ps = conn.prepareStatement("insert into
            position_title_type(name,remark,del_status) values(?,?,?)");

            ps.setString(1, object.getName());
            ps.setString(2, object.getRemark());
            ps.setString(3, object.getDelStatus());
            ps.executeUpdate();
            ps.close();
        } catch (SQLException e) {
            e.printStackTrace();
        }


    }

}
```

3. 控制层实现

在 com.bitc.edu.action.positiontitletype 包下创建的 PositionTitleTypeManageAction.java 控制器中增加职称类别的 save 方法，PositionTitleTypeManageAction.java 文件的代码如下所示。

```java
package com.bitc.edu.action.positiontitletype;

import com.bitc.edu.service.PositionTitleTypeService;
import com.bitc.edu.vo.PositionTitleType;
import com.opensymphony.xwork2.ActionContext;

public class PositionTitleTypeManageAction {

    private PositionTitleType positionTitleType;
    PositionTitleTypeService positionTitleTypeService = new PositionTitleTypeService();

    public PositionTitleType getPositionTitleType() {
        return positionTitleType;
    }

    public void setPositionTitleType(PositionTitleType positionTitleType) {
        this.positionTitleType = positionTitleType;
    }

    public PositionTitleTypeService getPositionTitleTypeService() {
        return positionTitleTypeService;
    }

    public void setPositionTitleTypeService(
            PositionTitleTypeService positionTitleTypeService) {
        this.positionTitleTypeService = positionTitleTypeService;
    }

    /**
     * 添加功能
     *
     * @return
     * @throws Exception
     */
    public String save() throws Exception {
        try {
            positionTitleTypeService.positionTitleSave(positionTitleType);
            ActionContext.getContext().put("message", "操作成功!");
        } catch (Exception e) {
            ActionContext.getContext().put("message", "操作失败!");
```

```
                    e.printStackTrace();
            }
            return "message";
        }
}
```

其中,positionTitleType 为域模型,用于保存从页面传递过来的参数,positionTitleTypeService 为 PositionTitleTypeService 的实例。

4. 配置文件

在 src 目录下添加 struts_positiontitletype.xml 文件,将该文件包含到 struts.xml 文件中,在 struts.xml 文件中添加以下内容。

```xml
 ⋮
<!-- 修改 Struts 的默认后缀 -->
   <constant name="struts.action.extension" value="action"></constant>
   <include file="struts_positiontitletype.xml"></include>
 ⋮
```

上述代码表示将 struts_positiontitletype.xml 文件包含到 struts.xml 文件中。

在 struts_positiontitletype.xml 文件中添加如下代码,用于实现添加功能。

```xml
<?xml version="1.0" encoding="UTF-8"?>
<!DOCTYPE struts PUBLIC
    "-//Apache Software Foundation//DTD Struts Configuration 2.0//EN"
    "http://struts.apache.org/dtds/struts-2.0.dtd">
<!-- 职称类别 -->
<struts>
    <package name="positionTitleType" namespace="/positionTitleType"
        extends="struts-default">
        <action name="list"
            class="com.bitc.edu.action.positiontitletype.PositionTitleTypeAction"
            method="list">
            <result name="list">
                /positionTitleType/caephrPositionTitleList.jsp
            </result>
        </action>
        <action name="addUI">
            <result name="success">
                /positionTitleType/caephrPositionTitleTypeAdd.jsp
            </result>
        </action>
        <action name="manage_*"
            class="com.bitc.edu.action.positiontitletype.positiontitletypeManageAction"
            method="{1}">
```

第5章 使用Struts 2框架开发人事管理系统——职称类别管理

```xml
                <result name = "message">
                    /positionTitleType/message.jsp
                </result>
                <result name = "positionType">
                    /positiontitletype/caephrPositionTitleTypeEdit.jsp
                </result>
            </action>
            <action name = "redirectAction">
                <result type = "redirectAction">
                    <param name = "actionName">list</param>
                    <param name = "namespace">/positiontitletype</param>
                </result>
            </action>
        </package>
    </struts>
```

要完成职称类别的添加、修改、单项删除和多项删除功能,均要在 struts_positiontitletype.xml 文件中添加此配置文件代码。

5. 运行

进入职称类别信息添加页面 http://localhost:8080/human/positionTitleType/addUI,如图 5-10 所示。

图 5-10 职称类别添加页面

输入内容,单击"保存"按钮,如果保存成功,则提示操作成功,如图 5-11 所示。

图 5-11 职称类别添加操作成功页面

5.5 职称类别列表显示功能的实现

1. 页面显示

在 positionTitleType 文件夹中新建 caephrPositionTitleList.jsp 文件,用于职称类别列表显示,caephrPositionTitleList.jsp 的具体代码如下所示。

```jsp
<%@ page contentType = "text/html; charset = utf - 8" language = "java"
    import = "java.sql.*" errorPage = "" %>
<%@ taglib prefix = "c" uri = "http://java.sun.com/jsp/jstl/core" %>
<html>
    <head>
        <title>职称类别列表</title>
        <link rel = "stylesheet" type = "text/css" href = "../images/total.css" />
        <script type = "text/javascript" language = "javascript"
            src = "../images/total.js"></script>
        <script type = "text/javascript" language = "javascript"
            src = "../js/page.js"></script>
        <style type = "text/css">
    a:link {
        text - decoration: none;
    }

</style>
        <script type = "text/javascript">
    /*
    * Status 是删除和激活的状态
    */
    function doRemove(boxName) {
        try {
            var objName = document.all(boxName);
            var strUId = "";
            var objRum = 0;
            if (objName.checked) {
                objRum = 1;

            } else {
                for (i = 0; i < objName.length; i++) {
                    if (objName[i].checked) {
                        objRum++;
                    }
                }
            }
            if (objRum > 0) {
                if (confirm("确实要删除吗?") == true) {
                    form1.action = "manage_removeAll.action";
```

```
                    form1.submit();
                }
            } else {
                alert("请选择删除的对象!");
                window.event.cancelBubble = true;
            }
        } catch (E) {
            alert("没有可选对象");
        }
    }

    //checkbox 反选

    function unSelect(boxName) {
        try {
            var objName = document.all(boxName);
            if (objName.length > 0) {
                for (i = 0; i < objName.length; i++) {
                    objName[i].checked = !objName[i].checked;
                }
            } else {
                objName.checked = !objName.checked;
            }
        } catch (E) {
            alert("没有可选对象");
        }
    }
</script>
</head>
<body>
    <form name = "form1" id = "form1" action = "" method = "post">
        <table class = "idx_tab_t" cellpadding = "0" cellspacing = "0">
            <tr>
                <td>
                    当前位置：职称类别列表
                </td>
                <td>
                    <input type = "button" class = "idx_bt"
                    onClick = window.location.href = 'addUI';
                    name = "btn3" value = "添加" />
                </td>
            </tr>
        </table>

        <table class = "list_tab" cellspacing = "0" cellpadding = "0">
            <tr class = "l_tab_t">
```

```
                    <td width="4%">
                        选择
                    </td>
                    <td width="4%">
                        序号
                    </td>
                    <td width="4%">
                        职称类别
                    </td>
                    <td width="4%">
                        备注
                    </td>
                    <td width="4%">
                        状态
                    </td>
                    <td width="4%">
                        操作
                    </td>
                </tr>
                <c:forEach items="${list}" var="list" varStatus="status">
                <tr>
                    <td>
                        <input type="checkbox" name="positionTitleType.ids" id="ids"
                            value="${list.id}" />
                    </td>
                    <td>
                        <c:out
                            value="${status.index+1+(pageinfo.page-1)
                            *pageinfo.pageSize}" />
                         
                    </td>
                    <td>
                        ${list.name}
                    </td>
                    <td>
                        ${list.remark}
                    </td>
                    <td>
                        <c:if test="${list.delStatus==1}">未删除</c:if>
                        <c:if test="${list.delStatus==2}">已删除</c:if>
                    </td>
                    <td>
                        <a href="manage_edit?positionTitleType.id=${list.id}">编辑</a> |
                        <a href="manage_remove?positionTitleType.id=${list.id}">删除</a>
                    </td>
```

```html
                    </tr>
                </c:forEach>
            </table>
            <table class = "lst_tab_b" cellpadding = "0" cellspacing = "0">
                <tr>
                    <td valign = "top">
                        <table width = "100%" border = "0" cellspacing = "0" cellpadding = "0">
                            <tr>
                                <td width = "2%">
                                     
                                </td>
                                <td width = "48%">
                                    <span class = "font"><input type = "checkbox" name = "chkboxall" onClick = "checkAll(this,'ids')" value = "0" />全选
    <input type = "button" name = "Submit2" value = "删除"
        class = "idx_bt" onClick = "doRemove('ids');">
                                </td>
                            </tr>
                        </table>
                    </td>
                </tr>
            </table>
        </form>
    </body>
</html>
```

2. 业务层实现

在 PositionTitleTypeService 的业务类中添加列表显示的方法，代码如下所示。

```java
/**
 * 获取职称类别列表
 * @return
 * @throws Exception
 */
public List<PositionTitleType> getPositionTitleTypeList() throws Exception {
    String sql = "select id,name,remark,del_status from position_title_type ptt";
    DbManager dbManager = new DbManager();
    Connection conn = dbManager.GetConnection();
    PreparedStatement st = null;
    List<PositionTitleType> list = new ArrayList<PositionTitleType>();
    try {
        st = conn.prepareStatement(sql);
        ResultSet rs = st.executeQuery();
        while (rs.next()) {
```

```
                PositionTitleType obj = new PositionTitleType();
                obj.setId(rs.getInt("id"));
                obj.setName(rs.getString("name"));
                obj.setRemark(rs.getString("remark"));
                obj.setDelStatus(rs.getString("del_status"));
                list.add(obj);
            }
        } catch (SQLException e) {
            e.printStackTrace();
        } finally {
            try {
                st.close();
                conn.close();
            } catch (SQLException e1) {
                e1.printStackTrace();
            }
        }
        return list;
    }
```

3. 控制层实现

在 com.bitc.edu.action.positiontitletype 包下创建 PositionTitleTypeAction.java 文件,在该类中添加列表显示方法。PositionTitleTypeAction.java 文件代码如下。

```java
package com.bitc.edu.action.positiontitletype;

import com.bitc.edu.service.PositionTitleTypeService;
import com.opensymphony.xwork2.ActionContext;

public class PositionTitleTypeAction {
    PositionTitleTypeService service = new PositionTitleTypeService();

    public String list() throws Exception {
        ActionContext.getContext().put("list",
                service.getPositionTitleTypeList());
        return "list";
    }
}
```

4. 配置文件

在 struts_positiontitletype.xml 配置文件中关于列表显示控制器的配置代码如下所示。

```xml
    ⋮
<action name="list" class="com.bitc.edu.action.positiontitletype.PositionTitleTypeAction" method="list">
```

```
        <result name = "list">
/positionTitleType/caephrPositionTitleList.jsp
</result>
</action>
   ⋮
```

5. 运行

在地址栏中输入如下地址：http://localhost:8080/human/positionTitleType/list，将显示如图 5-12 所示的结果。

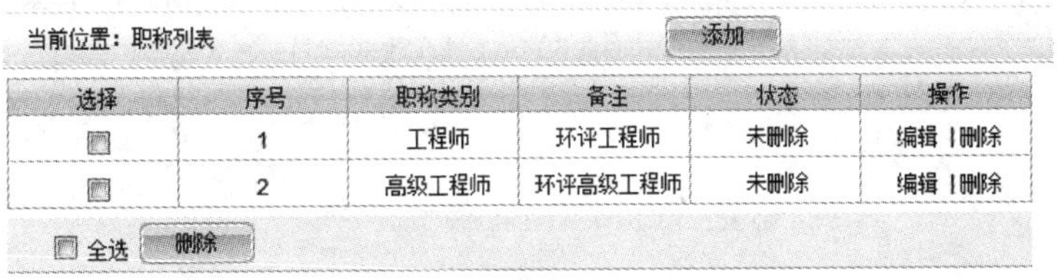

图 5-12 列表显示页面

5.6 职称类别修改功能的实现

1. 页面显示

在 positionTitleType 文件夹中新建 caephrPositionTitleTypeEdit.jsp 文件，用于显示编辑页面，caephrPositionTitleTypeEdit.jsp 具体代码如下所示。

```
<%@ page contentType = "text/html; charset = utf-8" language = "java"
    import = "java.sql.*" errorPage = "" %>
<%@ taglib prefix = "c" uri = "http://java.sun.com/jsp/jstl/core" %>
<html>
    <head>
        <title> edit </title>
        <link rel = "stylesheet" type = "text/css" href = "../images/total.css" />
        <script type = "text/javascript" language = "javascript"
            src = "../images/total.js"></script>
    </head>
    <body>
        <table class = "idx_tab_t" cellpadding = "0" cellspacing = "0">
            <tr>
                <td>
                    当前位置：修改职称类别
                </td>
            </tr>
        </table>
        <form name = "form1" id = "form1" action = "manage_update" method = "post"
```

```html
                onSubmit = "return checkSubmit();">
            < table class = "edi_tab" cellpadding = "0" cellspacing = "0">
                < tr >
                    < td width = "12%" class = "tab_c">
                        职称类别名称:
                    </td>
                    < td width = "22%" colspan = "3">
                        < input type = "text" name = "positionTitleType.name"
                            onblur = "checkname();" id = "name" value = " ${obj.name}" />
                        <input type = "hidden" name = "positionTitleType.id" value =
                        " ${obj.id}" />
                        < input type = "hidden" name = "positionTitleType.delStatus"
                            value = " ${obj.delStatus}" />
                    </td>
                </tr>
                < tr >
                    < td width = "12%" class = "tab_c">
                        备注:
                    </td>
                    < td width = "22%" colspan = "3">
                        < textarea rows = "" cols = "50" name = "positionTitleType.
                        remark"
                            id = "remark" value = "">${obj.remark}</textarea >
                    </td>
                </tr>
                < tr >
                    < td colspan = "4">
                        < div align = "right">
                            < input type = "submit" class = "idx_bt" name = "btn2" value =
                            "保 存" />
                            < input type = "reset" class = "idx_bt" name = "btn3" value = "重
                            置" />
                        </div >
                    </td>
                </tr>
            </table >
        </form >
    </body >
</html >
```

2. 业务层实现

在 PositionTitleTypeService.java 文件中添加根据 ID 获得对象的方法和更新职称类别信息的方法。PositionTitleTypeService.java 文件中根据 ID 获得对象的方法如下所示。

```
/**
 * 根据 ID 获得对象
 *
 * @param id
```

```java
 * @return
 * @throws Exception
 */
public PositionTitleType getPositionTitleTypeById(long id) throws Exception {
    String sql = "select id,name,remark,del_status from position_title_type ptt where ptt.id = " + id;
    DbManager dbManager = new DbManager();
    Connection conn = dbManager.GetConnection();
    PreparedStatement st = null;
    PositionTitleType obj = new PositionTitleType();
    try {
        st = conn.prepareStatement(sql);
        ResultSet rs = st.executeQuery();
        if (rs.next()) {
            obj.setId(rs.getInt("id"));
            obj.setName(rs.getString("name"));
            obj.setRemark(rs.getString("remark"));
            obj.setDelStatus(rs.getString("del_status"));
        }
    } catch (SQLException e) {
        e.printStackTrace();
    } finally {
        try {
            st.close();
            conn.close();
        } catch (SQLException e1) {
            e1.printStackTrace();
        }
    }
    return obj;
}
```

PositionTitleTypeService.java 文件中更新职称类别信息的方法如下所示。

```java
/**
 * 更新职称类别信息
 * @param obj
 * @return
 * @throws Exception
 */
public boolean positionTitleUpdate(PositionTitleType obj) throws Exception {
    boolean success = false;
    DbManager dbManager = new DbManager();
    Connection conn = null;
    try {
        conn = dbManager.GetConnection();
```

```java
                PreparedStatement ps = conn
                        .prepareStatement("update position_title_type set name = ?,"
                                + "remark = ?,del_status = ? where id = " + obj.getId());
                ps.setString(1, obj.getName());
                ps.setString(2, obj.getRemark());
                ps.setString(3, obj.getDelStatus());
                ps.executeUpdate();
                ps.close();
                success = true;
            } catch (SQLException e) {
                e.printStackTrace();
                try {
                        conn.rollback();
                } catch (SQLException ex) {
                        ex.printStackTrace();
                }
            }
            return success;
}
```

3. 控制层实现

在 PositionTitleTypeManageAction.java 中实现根据 ID 获得对象的方法和更新操作的方法。PositionTitleTypeManageAction.java 中根据 ID 获得对象的方法如下所示。

```java
/**
 * 根据 ID 获得对象
 *
 * @return
 * @throws Exception
 */
 public String edit() throws Exception {
        PositionTitleType obj = positionTitleTypeService
                        .getPositionTitleTypeById(positionTitleType.getId());
        ActionContext.getContext().put("obj", obj);
        return "positionType";
}
```

PositionTitleTypeManageAction.java 中更新操作的方法如下所示。

```java
/**
 * 更新操作
 *
 * @return
 * @throws Exception
 */
 public String update() throws Exception {
```

```
            positionTitleTypeService.positionTitleUpdate(positionTitleType);
            ActionContext.getContext().put("message", "操作成功!");
            return "message";
        }
```

4. 运行

单击图 5-12 所示列表显示页面中的"编辑"链接,编辑页面运行结果如图 5-13 所示,输入需要修改的内容,单击"保存"按钮即可。

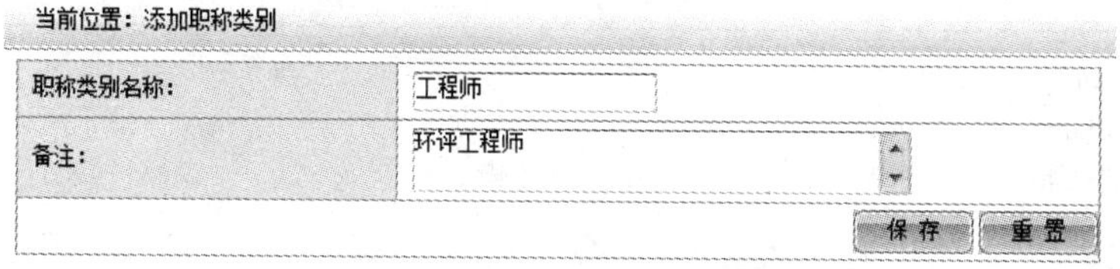

图 5-13 编辑页面

5.7 职称类别删除功能的实现

1. 业务层实现

在 PositionTitleTypeService 的业务类中添加删除职称类别的方法,该方法的代码如下所示。

```
/**
 * 删除职称类别信息
 * @param id
 * @return
 * @throws Exception
 */
public boolean positionTitleRemove(long id) throws Exception {
    boolean success = false;
    DbManager dbManager = new DbManager();
    Connection conn = null;
    try {
            conn = dbManager.GetConnection();
            PreparedStatement ps = conn.prepareStatement("delete from position_title_
            type where id = ?");
            ps.setLong(1, id);
            ps.executeUpdate();
            ps.close();
            success = true;
    } catch (SQLException e) {
```

```
                e.printStackTrace();
        }
        return success;
}
```

2. 控制层实现

在 PositionTitleTypeManageAction.java 中添加单项删除和多项删除的方法，PositionTitleTypeManageAction.java 文件中删除单条记录的方法如下所示。

```java
/** 删除功能
 * @return
 * @throws Exception
 */
public String remove() throws Exception {
        positionTitleTypeService.positionTitleRemove(positionTitleType.getId());
        ActionContext.getContext().put("message", "操作成功!");
        return "message";
}
```

PositionTitleTypeManageAction.java 文件中删除多条记录的方法如下所示。

```java
/**
 * 删除多条记录
 *
 * @return
 * @throws Exception
 */
public String removeAll() throws Exception {
    int[] ids = positionTitleType.getIds();
    for (int i = 0; i < ids.length; i++) {
            positionTitleTypeService.positionTitleRemove(ids[i]);
    }
    ActionContext.getContext().put("message", "操作成功!");
    return "message";
}
```

3. 运行

单击图 5-12 所示列表显示页面中的"删除"链接，即可删除所选信息。

小结

本章以人事管理系统中的职称系列管理模块为基础，进行了 Struts 2 的小型工程开发，通过本章的学习，读者对 Struts 2 的框架技术会获得更进一步的了解。

习题

操作题

(1) 使用 Struts 2 实现注册用户信息添加功能。

功能描述：用户信息包括用户名和密码两项，在注册页面中显示用户名和密码两项内容，输入用户名和密码两项内容后，单击"注册"按钮，可以将用户名和密码数据添加到数据库中，并显示操作成功页面。注：数据库使用 MySQL。

(2) 创建一张表 bill 包含字段 id、billtype、staff、create_date。用 JSP+Struts 实现对 bill 表的增加、删除、修改和查询操作，查询出来的结果要实现翻页功能。账单管理界面的版式如图 5-14 所示。

账单管理					
ID	账单类型	员工号	创建时间	修改	删除
00001	日用品	YG001	2011-08-10	修改	删除
00002	水产	YG 001	2012-03-15	修改	删除
00003	副食	YG 003	2012-03-20	修改	删除
首页　上一页　下一页　末页					

图 5-14　账单管理界面

说明：

(1) 完成图 5-14 所示的界面效果。

(2) 完成最基本的增加、修改、删除功能。

(3) 完成分页功能。

编程要求：

(1) 功能的实现要有良好的条理与逻辑性。

(2) 代码书写规范，结构清晰。

(3) 充分运用面向对象的编程思想。

技术要求：

(1) 开发工具：MyEclipse。

(2) 数据库：MySQL。

(3) 技术点：Java、JSP、JavaBean、JavaScript、Struts 2、JDBC。

第 6 章

Hibernate 框架技术

Hibernate 是一个开放源代码的对象关系映射框架,它对 JDBC 进行了非常轻量级的对象封装,使得 Java 程序员可以随意地使用对象编程思想来操纵数据库。Hibernate 可以应用在任何使用 JDBC 的场合,既可以在 Java 的客户端程序中使用,也可以在 Servlet/JSP 的 Web 应用中使用,最具革命意义的是,Hibernate 可以在应用 EJB 的 J2EE 架构中取代 CMP,完成数据持久化的重任。本章将全面介绍 Hibernate 的相关概念,介绍持久化技术以及实现方法,并对比不同持久化实现方法;详细介绍 Hibernate 的结构和接口作用。通过本章的学习,可以达到以下目标:

➤ 持久化技术及其实现
➤ Hibernate 简介;
➤ Hibernate 体系结构和实体对象的生命周期;
➤ Hibernate API 简介。

6.1 持久化技术

狭义的理解:"持久化"仅仅指把域对象永久保存到数据库中;广义的理解:"持久化"涉及和数据库相关的各种操作。

(1) 保存:把域对象永久保存到数据库中。
(2) 更新:更新数据库中域对象的状态。
(3) 删除:从数据库中删除一个域对象。
(4) 加载:根据特定的 OID,把一个域对象从数据库中加载到内存中。
(5) 查询:根据特定的查询条件,把符合查询条件的一个或多个域对象从数据库中加载到内存中。

持久化技术封装了数据访问细节,可以为大部分业务逻辑提供面向对象的 API。
(1) 通过持久化技术可以减少访问数据库中数据的次数,提高应用程序执行速度。
(2) 代码重用性高,能够完成大部分数据库操作。
(3) 松散耦合,使持久化不依赖于底层数据库和上层业务逻辑实现,更换数据库时只需修改配置文件而不用修改代码。

6.2 持久层技术

持久就是对数据的保持,即对程序状态的保持。通常通过数据库实现持久层是把数据库实现这块当做一个独立的逻辑了。

6.2.1 持久层的概念

J2EE 的 3 层结构是指表示层(Presentation)、业务逻辑层(Business Logic)以及基础架构层(Infrastructure),这样的划分非常经典,但是在实际的项目开发中,开发者通常对三层结构进行扩展来满足一些项目的具体要求,一个最常用的扩展就是将 3 层体系扩展为 5 层体系,即表示层(Presentation)、控制/中介层(Controller/Mediator)、领域层(Domain)、数据持久层(Data Persistence)和数据源层(Data Source),其实就是在三层架构中增加了两个中间层。控制/中介层位于表示层和领域层之间,数据持久层位于领域层和基础架构层之间。由于对象范例和关系范例这两大领域之间存在"阻抗不匹配"的问题,所以把数据持久层单独作为 J2EE 体系的一个层提出来,以便能够在对象—关系数据库之间提供一个成功的企业级映射解决方案,尽最大可能弥补这两种范例之间的差异。

6.2.2 持久层技术的实现

目前在 Java 应用程序开发领域中,可以使用的持久层框架主要有以下一些。

1. Hibernate

Hibernate 是开源代码的轻量级框架。该框架对 JDBC 进行了轻量级的封装,Java 程序员可以按照个人的编码风格及面向对象的编程方式来操纵数据库。Hibernate 可以在 Web 应用程序中与数据库进行交互操作。

Hibernate 的目标是成为 Java 中持续性数据问题的一种完整的解决方案。它可以协调应用与关系数据库之间的交互,让开发者解放出来专注于手中的业务问题。Hibernate 是一个和 JDBC 密切关联的框架,所以 Hibernate 的兼容性和 JDBC 驱动程序与数据库都有一定的关系,但是与使用它的 Java 程序、应用程序服务器没有任何关系,也不存在兼容性问题。

Hibernate 是一种非强制性的解决方案。开发者在编写业务逻辑与持续性类时,不会被要求遵循许多 Hibernate 特定的规则和设计模式。这样,Hibernate 就可以与大多数新的和现有的应用平稳地集成,而不需要对应用的其余部分进行破坏性的改动。

2. iBATIS

相对 Hibernate 和 Apache OJB 等"一站式"ORM 解决方案而言,iBATIS 是一种"半自动化"的 ORM 实现。这个框架能够更好地在 Java 应用中设计和实现实体层。它有两个主要的组成部分,一个是 SQL 映射;另一个是 DAO(Data Access Objects,数据访问对象)。另外,还包括一些很有用的工具。

使用 iBATIS 提供的 ORM 机制,对业务逻辑实现人员而言,面对的是纯粹的 Java 对象,这与通过 Hibernate 实现 ORM 基本一致,而对于具体的数据操作,Hibernate 会自动生成 SQL 语句，而 iBATIS 则要求开发者编写具体的 SQL 语句。相对 Hibernate 等"全自动"ORM 机制而言，iBATIS 以 SQL 开发的工作量和数据库移植性上的让步，为系统设计提供了更大的自由空间。作为"全自动"ORM 实现的一种有益补充，iBATIS 的出现显得别具意义。

3. EJB

EJB 的 entiy Bean 提供了健壮的数据持久性。使用 bean 容器可以完成大部分的数据完整性、资源管理和并发性功能，从而使开发人员能够关注业务逻辑和数据处理，而不是这些低级细节。使用 bean 管理的持久性（Bean Managed Persistence，BMP）实体 bean 时，由开发人员编写持久性代码而由容器确定何时执行该代码。使用容器管理的持久性（Container Managed Persistence，CMP）实体 bean 时，由容器生成持久性代码并管理持久性逻辑。

4. JDO

JDO（Java Data Object）是 Java 对象持久化的规范，也是一个用于存取数据库中的对象的标准化 API。JDO 提供了透明的对象存储机制，因此对开发人员来说，存储数据对象完全不需要额外的代码（如 JDBC API 的使用）。这些烦琐的例行工作已经转移到 JDO 产品提供商身上，使开发人员解脱出来，从而将时间和精力集中到业务逻辑处理上。另外，JDO 很灵活，因为它可以在任何数据底层上运行。JDBC 只面向关系数据库（RDBMS），而 JDO 更通用，提供到任何数据底层的存储功能，如关系数据库、文件、XML 以及对象数据库（ODBMS）等，使得应用的可移植性更好。

6.3 ORM 概述

ORM（Object/Relation Mapping，对象/关系映射）也可以理解为一种规范，具体的 ORM 框架可作为应用程序和数据库的桥梁。目前，ORM 的产品非常多，例如 Apache 组织下的 OJB、Oracle 的 TopLink、JDO 等。

6.3.1 什么是 ORM

ORM 并不是一种具体的产品，而是一类框架的总称，它概述了这类框架的基本特征：完成面向对象的程序设计语言到关系数据库的映射。基于 ORM 框架完成映射后，既可利用面向对象程序设计语言的简单易用性，又可利用关系数据库的技术优势。

面向对象的程序设计语言与关系数据库发展不同步时，需要一种中间解决方案，ORM 框架就是这样的解决方案。随着面向对象数据库的发展，其理论逐步完善，最终会取代关系数据库，只是这个过程不会一蹴而就，ORM 框架在此期间会蓬勃发展。但随着面向对象数据库的出现，ORM 工具就会被取代。

6.3.2 流行的 ORM 框架简介

目前 ORM 框架的产品非常多，除了各大著名公司、组织的产品外，甚至，其他一些小团队也都推出了自己的 ORM 框架。目前流行的 ORM 框架产品如下。

(1) Hibernate：由 Gavin King 提出，是目前最流行的开源 ORM 框架，其灵巧的设计、优秀的性能，还有丰富的文档，都是其迅速风靡全球的重要因素。

(2) EJB：EJB 实质上也是一种 ORM 技术，这是一种备受争议的组件技术，很多人说它非常优秀，也有人说它一钱不值。事实上，EJB 为 J2EE 的蓬勃发展赢得了极高的声誉，就笔者的实际开发经验而言，EJB 作为一种重量级、高花费的 ORM 技术，具有不可比拟的优势。但由于其必须运行在 EJB 容器内，而且学习曲线陡峭，开发周期、成本相对较高，因而限制了 EJB 的广泛使用。

(3) iBATIS：Apache 软件基金组织的子项目。与其称其是一种 ORM 框架，不如称其是一种 SQL 映射框架。相对 Hibernate 的完全对象化封装，iBATIS 更加灵活，但在开发过程中开发人员需要编写的代码量更大，而且需要直接编写 SQL 语句。

(4) Oracle 的 TopLink：作为一个遵循 OTN 协议的商业产品，TopLink 在开发过程中可以自由下载和使用，但一旦作为商业产品使用，则需要收取费用。可能正是这一点导致了 TopLink 的市场占有率不高。

(5) OJB：Apache 软件基金组织的子项目，是开源的 ORM 框架，但由于开发文档不是太多，而且 OJB 的规范一直并不稳定，因此并未在开发者中赢得广泛的支持。

Hibernate 是目前最流行的 ORM 框架，其采用非常优雅的方式将 SQL 操作完全包装成对象化的操作。其作者 Gavin King 在持久层设计上极富经验，采用非常少的代码实现了整个框架，同时完全开放源代码，即使偶尔遇到无法理解的情况，也可参照源代码来理解其在持久层上灵巧而智能的设计。

目前，Hibernate 在国内的开发人员相当多，Hibernate 的文档非常丰富，这些都为学习 Hibernate 铺平了道路，因而 Hibernate 的学习相对简单一些。

6.4 Hibernate 体系结构

6.4.1 Hibernate 在应用程序中的位置

Hibernate 使用数据库和配置信息来为应用程序提供持久化服务（以及持久的对象）。Hibernate 体系结构概要图如图 6-1 所示。

图 6-1 Hibernate 体系结构概要图

从图 6-1 中不难看出,Hibernate 在整个应用程序中是连接数据库与应用程序的桥梁,为应用程序提供了数据库访问方法。

6.4.2 Hibernate 的体系结构

本节将介绍 Hibernate 运行时体系结构。由于 Hibernate 非常灵活,且支持多种应用方案,所以下面只描述两种极端的情况。"轻型"的体系结构方案要求应用程序提供自己的 JDBC 连接并管理自己的事务。这种方案使用了 Hibernate API 的最小子集,如图 6-2 所示。

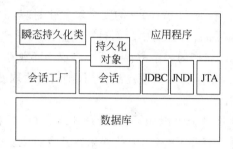

图 6-2 Hibernate"轻型"的体系结构图

"全面解决"的体系结构方案将应用层从底层的 JDBC(Java Data Base Connectivity)/JNDI(Java Naming and Directory Interface)/JTA API 中抽象出来,而让 Hibernate 来处理这些细节,如图 6-3 所示。

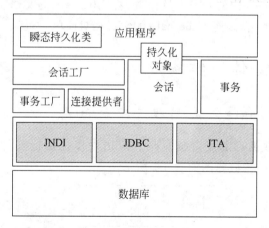

图 6-3 Hibernate"全面解决"的体系结构图

图 6-3 中各个对象的定义如下。

会话工厂[SessionFactory (org. hibernate. SessionFactory)]：针对单个数据库映射关系编译得到的内存镜像是线程安全的(不可变)。它是生成 Session 的工厂,本身要用到 ConnectionProvider。该对象可以在进程或集群的级别上为那些事务之间可以重用的数据提供可选的二级缓存。

会话[Session (org. hibernate. Session)]：表示应用程序与持久存储层之间进行交互

操作的一个单线程对象,此对象生存期很短。其隐藏了 JDBC 连接,也是 Transaction 的工厂。其控制一个针对持久化对象的必选(第一级)缓存,在遍历对象图或者根据持久化标识查找对象时会用到。

持久的对象及其集合:带有持久化状态的、具有业务功能的单线程对象,此对象生存期很短。这些对象可能是普通的 JavaBeans/POJO,唯一特殊的是它们只与一个 Session 相关联。一旦这个 Session 被关闭,这些对象就会脱离持久化状态,这样就可被应用程序的任何层自由使用(例如,用于和表示层交互的数据传输对象)。

瞬态(Transient)和脱管(Detached)的对象及其集合:那些目前没有与 Session 关联的持久化类实例。它们可能是在被应用程序实例化后尚未进行持久化的对象,也可能是因为用于实例化它们的 Session 已经被关闭而脱离持久化的对象。

事务[Transaction (org.hibernate.Transaction)]:应用程序用来指定原子操作单元范围的对象,它是单线程的,生命周期很短。它通过抽象将应用从底层具体的 JDBC、JTA 以及 CORBA 事务隔离开。在某些情况下,一个 Session 之内可能包含多个 Transaction 对象。尽管是否使用该对象是可选的,但无论是使用底层的 API 还是使用 Transaction 对象,事务边界的开启与关闭都是必不可少的。

连接提供者[ConnectionProvider (org.hibernate.connection.ConnectionProvider)]:生成 JDBC 连接的工厂(同时也起到连接池的作用)。它通过抽象将应用从底层的 Datasource 或 DriverManager 隔离开。仅供开发者扩展/实现使用,并不暴露给应用程序使用。

事务工厂[TransactionFactory (org.hibernate.TransactionFactory)]:生成 Transaction 对象实例的工厂,仅供开发者扩展/实现使用,并不暴露给应用程序使用。

扩展接口:Hibernate 提供了很多可选的扩展接口,可以通过实现它们来定制持久层的行为。

在特定的"轻型"体系结构中,应用程序可能绕过 Transaction/TransactionFactory 以及 ConnectionProvider 等 API 直接跟 JTA 或 JDBC 交互。

6.5　Hibernate 实体对象的生命周期

Hibernate 实体对象,也就是 Hibernate O/R 映射关系中的域对象,即 O/R 中的 O。在 Hibernate 实体对象的生命周期中存在着 3 种状态,即瞬态(Transient)、持久态(Persistent)和游离态(Detached)。

6.5.1　瞬态

瞬态是指实体对象在内存中自由存在,它与数据库的记录无关。例如:

```
TUser user = new TUser();
user.setName("MyName");
```

这里的 user 对象只是一个非常普通的 Java 对象,与数据库中的记录没有任何关系。

6.5.2 持久态

持久态,即实体对象处于 Hibernate 框架的管理状态,实体对象被纳入 Hibernate 的实体容器中管理。处于持久态的对象,其变更将由 Hibernate 固化到数据库中。例如:

```
//创建两个处于自由状态的实体对象
Tuser user_1 = new TUser();
Tuser user_2 = new TUser();
user_1.setName("Name_1");
user_2.setName("Name_2");
Transaction tx = session.begintransaction();
session.save(user_1);
tx.commit();
```

通过 Session 的 save 方法,user_1 对象就被纳入 Hibernate 的实体管理容器,处于持久态,这时候对 user_1 对象的任何修改都将被同步到数据库中。而 user_2 仍然处于自由状态,不受 Hibernate 框架的管理。

从上面代码中可以看到,处于自由状态的实体对象可以通过 Hibernate 的 Session.sava 方法转化为持久态。

除了用 Session.save()方法外,还可以通过其他方法来获取一个持久态的对象,那就是直接通过 Hibernate 加载的对象,采用 Session.load()方法可以直接加载一个处于持久态的实体对象。例如:

```
TUser user = Session.load(TUser.class,new Integer(1));
```

在 load 方法没返回之前,就已经先把对象纳入 Hibernate 的管理范围,所以这里的 user 已经处于持久态。

从以上的代码中可以看出,处于持久态的实体对象一定要和 Session 关联,并处于该 Session 的有效期内。

6.5.3 游离态

处于持久态的实体对象,在其关联的 Session 关闭以后,此实体对象就处于游离态,例如:

```
TUser user = new TUser();
user.setName("name_1");
Transaction tx = session.begintransaction();
session.save(user);
tx.commit();
session.close();
```

Session 关闭以后,处于持久态的实体对象 user 将转换到游离态,因为此时 user 已经和 Session 脱离关系。

由上面的代码可以看出,实体对象的游离态是在对象和它所寄宿的 Session 脱离关系后形成的,但处于自由态的实体对象也没有和任何 Session 有关联,只是对自由态的实

体对象执行了 Session.save()方法,

当执行"TUser user = new TUser();"时,只是创建了一个普通的对象,它并没有和数据库中的任何一条记录相对应,当执行 Session.save()以后,Hibernate 就为 user 设置了一个主键,就是 user.Id 属性,通过这个属性,Hibernate 就把 user 对象和数据库中的记录关联起来,所以瞬态和游离态的基本区别就是处于游离态的实体对象在数据库中有对应的记录,因此它可以通过和 Session 关联再次转换到持久态。

6.5.4 实体对象的状态转换

(1)瞬态到持久态:可以通过 Session.sava()方法来转换。

(2)持久态到游离态:可以通过 Session.close()方法来关闭 Session,获取游离态的对象。

(3)持久态到瞬态:可以通过 Session.delete()方法来删除实体对象对应的数据库记录,使实体对象处于自由状态。

实体对象的 3 种状态转换图如图 6-4 所示。

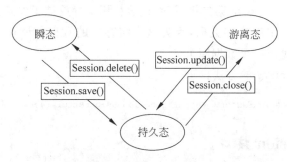

图 6-4　3 种状态转换图

6.6　Hibernate API 简介

Hibernate 的核心接口一共有 6 个,分别为 Configuration、Session、SessionFactory、Transaction、Query 和 Criteria。这 6 个核心接口在任何开发中都会用到。通过这些接口,不仅可以对持久化对象进行存取,还能够进行事务控制。

6.6.1　Configuration 接口

Configuration 接口负责配置并启动 Hibernate,创建 SessionFactory 对象。在 Hibernate 的启动过程中,Configuration 接口的实例首先定位映射文档位置、读取配置,然后创建 SessionFactory 对象。

创建 Configuration 的方法:

```
Configuration config = new Configuration().configure();
```

以上代码表示读取配置文件,创建 Configuration 实例。

注意，如果 hibernate.cfg.xml 的名称改了，以后要写成：

```
Configuration config = new Configuration().configure("新文件名.xml");
```

否则会找不到。

6.6.2 SessionFactory 接口

SessionFactroy 接口负责初始化 Hibernate。它充当数据存储源的代理，并负责创建 Session 对象。这里用到了工厂模式。

它是线程安全的，这意味着它的同一个实例可以被应用的多个线程共享。

它是重量级的，这意味着不能随意创建或销毁它的实例，如果应用只访问一个数据库，只需创建一个 SessionFactory 实例，在应用初始化的时候创建该实例。如果应用要同时访问多个数据库，则需要为每个数据库创建一个单独的 SessionFactory 实例。

之所以称 SessionFactory 是重量级的，是因为它需要一个很大的缓存，用来存放预定义的 SQL 语句以及映射元数据等。用户还可以为 SessionFacotry 配置一个缓存插件，这个缓存插件称为 Hibernate 的第二级缓存，该缓存用来存放被工作单元读过的数据，将来其他工作单元可能会重用这些数据，因为这个缓存中的数据能够被所有工作单元共享。一个工作单元通常过应一个数据库事务。

创建 SessionFactory 的方法：

```
SessionFactory sessionFactory = config.buildSessionFactory();
```

6.6.3 Session 接口

Session 接口负责执行被持久化对象的 CRUD 操作（CRUD 的任务是完成与数据库的交互，包含了很多常见的 SQL 语句）。但需要注意的是，Session 对象是非线程安全的。同时，Hibernate 的 Session 不同于 JSP 应用中的 HttpSession。当使用 Session 这个术语时，其实指的是 Hibernate 中的 Session，之后会将 HttpSession 对象称为用户 Session。

Session 接口封装了 Connection 对象，它还提供了对数据持久化对象进行操作的方法，可以把它想象成一个持久对象的缓冲区，Hibernate 能够自动检测缓冲区中的持久化对象是否已经改变，并及时刷新数据库，以保证 Session 中的对象与数据库同步。

Session 接口是 Hibernate 应用使用最广泛的接口，Session 也被称为持久化管理器，它提供了和持久化相关的操作，如添加、更新、删除、加载和查询对象。

Session 接口不是线程安全的，因此在设计软件架构时，应该避免多个线程共享同一个 Session 实例。

Session 实例是轻量级的。所谓轻量级，是指它的创建和销毁不需要消耗太多资源，这意味着在程序中可以经常创建或销毁 Session 对象。Session 有一个缓存被称为 Hibernate 的第一级缓存，用来存放被当前工作单元加载的对象。每个 Session 实例都有自己的缓存，Session 实例的缓存只能被当前工作单元访问。

创建 Session 的方法：

```
Session session = this.sessionFactory.openSession();
```

6.6.4 Transaction 接口

Transaction 接口是 Hibernate 的数据库事务接口，它对底层的事务接口做了封装，底层事务接口包括 JDBC、API、JTA、CORBA。它是可选的，开发人员也可以编写自己的底层事务处理代码。

6.6.5 Query 接口

Query 和 Criteria 接口是 Hibernate 的查询接口，用于从数据库中查询对象，以及控制执行查询的过程。

Query 接口用于对数据库以及持久化对象进行查询。

Query 实例封装了一个 HQL(Hibernate Query Language)查询语句，HQL 查询语句与 SQL 查询语句有些相似，但 HQL 查询语句是面向对象的，它引用的是类名及类的属性名，而不是表名及表的字段名。

6.6.6 Criteria 接口

Criteria 接口允许创建并执行面向对象的标准化查询(对象查询)。

Criteria 接口完全封装了基于字符串形式的查询语句，比 Query 接口更加面向对象。Criteria 接口擅长执行动态查询。

小结

本章主要介绍了 Hibernate 的相关理论知识，重点描述了持久化的概念，介绍了 ORM 的概念、Hibernate 实体对象的生命周期，最后介绍了 Hibernate API 接口。

习题

简答题

1. 什么是持久层？实现持久层技术的典型架构有哪些？
2. 什么是 ORM？目前比较流行的 ORM 框架有哪些？
3. Hibernate 的生命周期包括哪些状态？
4. 在 Hibernate 中 SessionFactory 接口和 Session 接口的作用是什么？

第 7 章

Hibernate 框架应用

在第 6 章中已经介绍了 Hibernate 框架技术的相关概念,本章将通过一些简单的示例介绍在 MyEclipse 中如何应用 Hibernate 框架。通过本章的学习,可以达到以下目标:
➢ 掌握 Hibernate 的下载与安装;
➢ 深入了解 Hibernate 在 MyEclipse 中的简单应用。

7.1 安装 Hibernate

Hibernate 的官方网站为 http://www.hibernate.org,在这里可以下载到 Hibernate 的最新版本。

可以按如下步骤安装和使用 Hibernate。
（1）登录 http://www.hibernate.org 网站,下载 Hibernate 的二进制包。
（2）解压缩刚下载的压缩包。
（3）将必需的 Hibernate 类库添加到 JDK 的 CLASSPATH 中,或者使用 Ant 工具。

7.2 Hibernate 在 MyEclipse 中的应用

本节将通过一个简单的图书管理系统示例,介绍 Hibernate 的具体应用方法,在本例中主要完成图书信息的添加功能。

7.2.1 创建数据库

首先需要为应用程序创建数据库。在图书管理系统中,图书信息表 bookinfo 为单表,即与其他表无关联,图书信息表 bookinfo 的各个字段的描述如表 7-1 所示。

可以根据需要使用不同的数据库管理系统。创建数据库的 SQL 代码如下所示。

```
create database book;
use book;
```

```
create table bookinfo
(
    book_id int not null,
    book_name varchar(50) not null,
    author varchar(20) not null,
    publisher varchar(50) not null,
    primary key (book_id)
);
```

表 7-1　图书信息表 bookinfo

列　名	说　明	数据类型（精度范围）	空/非空	约束条件
book_id	图书编号	int	非空	PK
book_name	图书名称	varchar(50)	非空	
author	图书作者	varchar(20)	非空	
publisher	图书出版社	varchar(50)	非空	

在 MySQL 中运行以上代码，即可创建数据库及表，如图 7-1 所示。

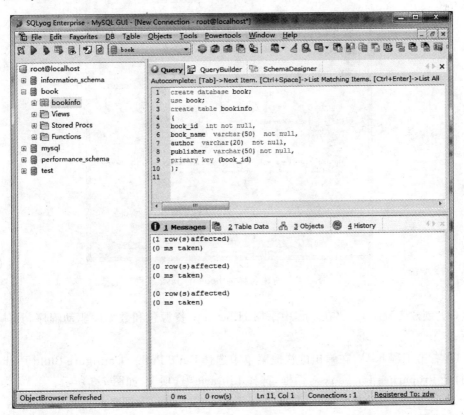

图 7-1　创建数据库及表

7.2.2 配置环境

本节将在 MyEclipse 中创建 Hibernate 的应用程序。在本例中要重点说明的是 Hibernate 的持久化操作,所以只建立一个普通的 Java 工程即可。配置环境的具体过程如下所示。

(1) 在 MyEclipse 中新建 Java 工程,工程名称为 book,如图 7-2 所示。

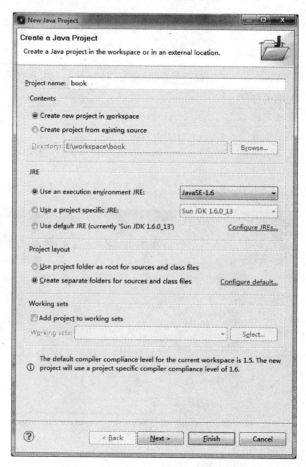

图 7-2 创建名称为 book 的 Java 工程

(2) 创建工程后,需要在工程中添加 Hibernate 资源包和数据库驱动程序,具体操作如下。

① 右击工程 book,在弹出的快捷菜单中选择 Build Path→Configure Build Path 菜单项,打开 Properties for book 对话框,选择 Libraries 选项卡,如图 7-3 所示。

② 单击 Add Library 按钮,打开 Add Library 对话框,如图 7-4 所示。

③ 选择 MyEclipse Libraries 选项,单击 Next 按钮,打开 Libraries 列表,选择 Hibernate 3.2 Core Libraries 选项,如图 7-5 所示,单击 Finish 按钮,即可完成 Hibernate 资源包的添加。

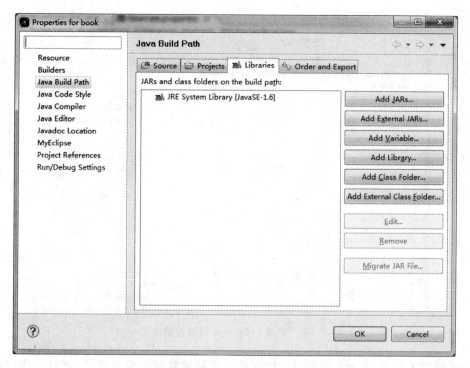

图 7-3 Properties for book 对话框

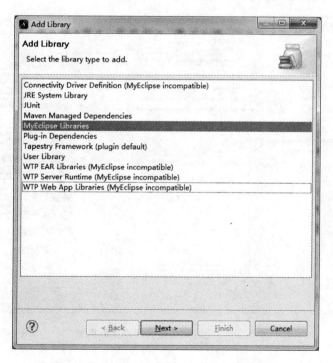

图 7-4 Add Library

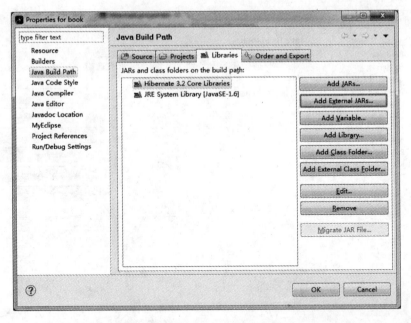

图 7-5 完成 Hibernate 资源包的添加

④ 单击 Add External JARs 按钮，选择要添加的数据库驱动程序，即可完成数据库驱动程序的添加，这里使用 MySQL 数据库驱动程序，如图 7-6 所示。

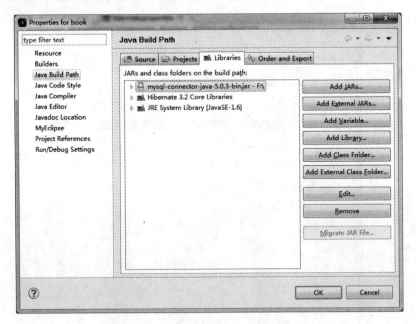

图 7-6 完成数据库驱动程序的添加

⑤ 右击工程名 book，在弹出的快捷菜单中选择 MyEclipse → Add Hibernate Capabilities 菜单项，打开添加 Hibernate 资源包的对话框，如图 7-7 所示。

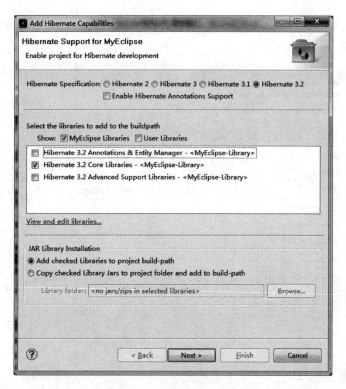

图 7-7 添加 Hibernate 资源包

⑥ 选择需要添加的 Hibernate 资源包，这里只需选择 Hibernate Core Libraries 选项即可，单击 Next 按钮，打开 Hibernate 配置文件对话框，如图 7-8 所示。

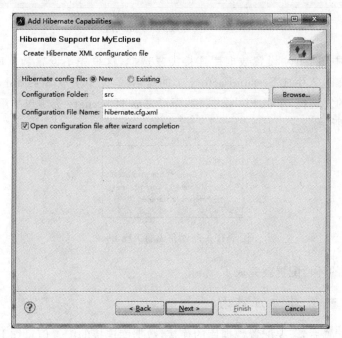

图 7-8 设置 Hibernate 配置文件的名称和位置

⑦ 选择默认的文件路径和文件名,单击 Next 按钮,进入数据库连接信息设置对话框,如图 7-9 所示。

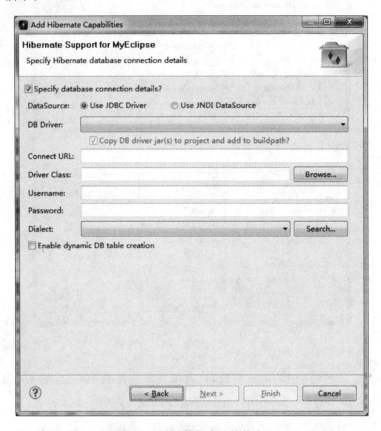

图 7-9　设置数据库连接信息

⑧ 取消选中图 7-9 中设置数据库连接的复选框,这里先不设置数据库连接的信息,单击 Next 按钮,进入生成 SessionFactory 类的对话框,先不生成 SessionFactory 类,所以取消选中相应的复选框,单击 Finish 按钮,即可完成 Hibernate 资源包的添加。完成后的工程如图 7-10 所示。

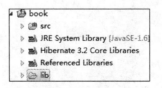

图 7-10　配置完成的工程 book

至此,本例的环境配置就完成了。

7.2.3　配置数据库连接

完成环境配置后,需要配置数据库的连接,数据库连接的配置信息如下。

(1) 应用数据库的方言；
(2) 应用数据库的驱动；
(3) 连接数据库的 URL；
(4) 连接数据库的用户名；
(5) 连接数据库的用户密码；
(6) 是否显现 SQL 语句。

hibernate.cfg.xml 配置文件的内容如下。

```xml
<?xml version='1.0' encoding='UTF-8'?>
<!DOCTYPE hibernate-configuration PUBLIC
    "-//Hibernate/Hibernate Configuration DTD 3.0//EN"
    "http://hibernate.sourceforge.net/hibernate-configuration-3.0.dtd">
<hibernate-configuration>
    <session-factory>
        <property name="dialect">org.hibernate.dialect.MySQLDialect</property>
        <property name="connection.url">jdbc:mysql://localhost:3306/book</property>
        <property name="connection.username">root</property>
        <property name="connection.password">mysql</property>
        <property name="connection.driver_class">com.mysql.jdbc.Driver</property>
        <property name="myeclipse.connection.profile">mysql</property>
        <mapping resource="hibernateTest/vo/BookInfo.hbm.xml"/>
    </session-factory>
</hibernate-configuration>
```

7.2.4 开发持久化对象

本节将设计持久化类，持久化类中的所有属性需要与数据库表中的字段对应，并为每个属性创建 set 和 get 方法。

根据表 7-1 所示的数据库表结构，创建图书信息表的持久化类 BookInfo.java，代码如下。

```java
package hibernateTest.vo;

public class BookInfo {

    //持久化对象属性
    private int book_id;
    private String book_name;
    private String author;
    private String publisher;

    //每个属性的 set 和 get 方法
    public int getBook_id() {
```

```
        return book_id;
    }
    public void setBook_id(int bookId) {
        book_id = bookId;
    }
    public String getBook_name() {
        return book_name;
    }
    public void setBook_name(String bookName) {
        book_name = bookName;
    }
    public String getAuthor() {
        return author;
    }
    public void setAuthor(String author) {
        this.author = author;
    }
    public String getPublisher() {
        return publisher;
    }
    public void setPublisher(String publisher) {
        this.publisher = publisher;
    }
}
```

7.2.5 编写映射文件

完成持久化类的创建后,需要为持久化类创建映射文件,创建映射文件时需要注意以下几点。

(1) 持久化类与它的映射文件在同一个文件夹下。

(2) 持久化类的名称与数据表名称相对应。

(3) 持久化类的属性与数据表的字段对应。

遵循以上原则创建持久化类 BookInfo.java 的映射文件 BookInfo.hbm.xml,代码如下。

```xml
<?xml version="1.0" encoding="UTF-8"?>
<!DOCTYPE hibernate-mapping PUBLIC "-//Hibernate/Hibernate Mapping DTD 3.0//EN"
"http://hibernate.sourceforge.net/hibernate-mapping-3.0.dtd">
<hibernate-mapping>
<!-- 指定的类名必须是完全路径的类名,对应的数据表为 bookinfo -->
    <class name="hibernateTest.vo.BookInfo" table="bookinfo">
    <!-- 持久化类中的 book_id 对应 bookinfo 表中的字段 book_id -->
        <id name="book_id" type="java.lang.Integer">
            <column name="book_id" />
```

```xml
            <generator class="increment"/>
        </id>
        <!-- 持久化类中的其他属性与 bookinfo 表中其余字段的对应关系 -->
        <property name="book_name" type="java.lang.String">
            <column name="book_name" length="50" not-null="true"/>
        </property>
        <property name="author" type="java.lang.String">
            <column name="author" length="20" not-null="true"/>
        </property>
        <property name="publisher" type="java.lang.String">
            <column name="publisher" length="50"/>
        </property>
    </class>
</hibernate-mapping>
```

7.2.6 编写业务逻辑

本节将编写测试类,在测试类中需要获得 Configure 类的对象,然后创建 SessionFactory 类的对象、加载持久化类与映射文件,测试类 BookTest.java 的代码如下。

```java
package hibernateTest.test;

import org.hibernate.*;
import org.hibernate.cfg.*;
import java.io.File;
import hibernateTest.vo.BookInfo;

public class BookTest {
    public static void main(String[] args) {
        //创建相关类的对象
        Configuration cfg;
        SessionFactory sf;
        Session session;
        Transaction tx;
        //为 bookinfo 赋值
        BookInfo bookinfo = new BookInfo();
        bookinfo.setBook_id("101");
        bookinfo.setBook_name("Hibernate 技术应用");
        bookinfo.setAuthor("张三");
        bookinfo.setPublisher("电子工业出版社");

        try {
            //加载 Hibernate 配置文件,文件路径可以根据实际情况修改
            File file = new File("D:\\workspace\\book\\src\\hibernate.cfg.xml");
```

```
            //实例化 Configure 类
            cfg = new Configuration().configure(file);
            //建立会话工厂
            sf = cfg.buildSessionFactory();
            //开启会话
            session = sf.openSession();
            //开始事务
            tx = session.beginTransaction();
            //调用 session 对象的保存方法
            session.save(bookinfo);
            //提交事务
            tx.commit();
            //关闭 session
            session.close();
            System.out.println("Data have been saved into database!");

        }catch(HibernateException e) {
            e.printStackTrace();
        }
    }
}
```

运行测试类 BookTest.java,控制台中显示的信息如图 7-11 所示,即表示程序运行成功。

```
Problems  @ Javadoc  Declaration  Console 
<terminated> BookTest [Java Application] C:\Users\mdb\AppData\Local\Genuitec\Common\binary\com.sun.java.jdk.v
log4j:WARN No appenders could be found for logger (org.hibernate.cfg.Environment).
log4j:WARN Please initialize the log4j system properly.
Data have been saved into database!
```

图 7-11 程序运行成功

小结

本章主要通过一个简单的实例介绍了 Hibernate 在 MyEclipse 中的基本应用,在该实例中介绍了配置环境、配置数据库连接、开发持久化对象、编写映射文件和业务逻辑等具体操作方法。

习题

简答题

1. 进行数据库连接配置时需要配置哪些内容?举例说明。
2. 使用实例解释 Hibernate 映射文件的每项内容。
3. 编写 Hibernate 映射文件时有哪些注意事项?
4. 编写一个实例说明持久化类和映射文件的用法。

第8章

使用Struts+Hibernate完成用户管理模块的开发

在第7章中通过一个Hibernate简单实例介绍了Hibernate应用的方法,本章中将通过完成人事管理系统中的用户管理模块介绍Struts与Hibernate的集成应用。主要包括以下内容:
- 用户管理模块数据库设计;
- 用户管理模块功能分析;
- 用户管理模块增加功能的实现;
- 用户管理模块显示功能的实现;
- 用户管理模块删除功能的实现;
- 用户管理模块修改功能的实现。

8.1 数据库设计

用户管理模块是某规划研究院人事管理系统中的一部分,主要功能包括用户添加、用户修改、用户删除和用户列表显示。

本模块主要采用Struts 2+Hibernate的组合进行开发,涉及的数据库表只有一个用户表caep_hr_users,其结构如表8-1所示。

表8-1 用户表 caep_hr _users 的结构

说 明	列 名	说 明	列 名
用户类型	utype	用户编号	uid
删除状态	del_status	用户登录名	uname
密码	upasswd		

创建数据库的代码如下所示。

```
create table caep_hr_users(
    id int not null,
```

```
    uname varchar(50),
    upasswd varenar(50),
    votype varchar(50),
    del_status varchar(1),
    primary key(id)
);
```

在 MySQL 中运行以上代码,运行结果如图 8-1 所示。

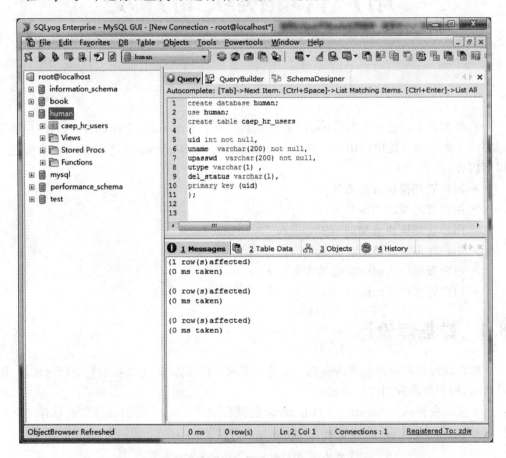

图 8-1 创建数据库及表

8.2 功能分析

本节将对用户管理模块中所包含的功能进行分析,主要包括模块分析和功能分析两项内容。

1. 模块功能

用户管理模块的用例图如图 8-2 所示。

第8章 使用Struts+Hibernate完成用户管理模块的开发

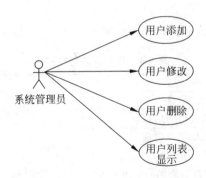

图 8-2 用户管理模块用例图

从图 8-2 中可以看出,用户管理操作是由系统管理员进行的,包括用户添加、用户修改、用户删除、用户列表显示。

2. 功能描述

（1）用户添加

用户添加功能描述如表 8-2 所示。

表 8-2 用户添加功能描述

名称、标识符	用户添加
功能描述	用户信息添加
参与用户	获得该权限的用户
输入	用户名、密码
操作序列	（1）进入用户添加页面 （2）添加用户信息：用户名、密码 （3）点击保存
输出	将用户信息保存到数据库中
补充说明	

（2）用户修改

用户修改功能描述如表 8-3 所示。

表 8-3 用户修改功能描述

名称、标识符	用户修改
功能描述	用户信息修改
参与用户	获得该权限的用户
输入	已录入的用户信息
操作序列	（1）进入用户修改页面 （2）修改用户信息：用户名、密码 （3）单击"保存"按钮
输出	更新数据库中的用户信息
补充说明	

（3）用户删除

用户删除功能描述如表 8-4 所示。

表 8-4 用户删除功能描述

名称、标识符	用户删除
功能描述	删除用户信息
参与用户	获得该权限的用户
输入	已录入的用户信息
操作序列	（1）进入用户列表页面 （2）选择需要删除的用户信息，单击"删除"按钮进行删除用户信息的操作
输出	更新数据库中的用户信息
补充说明	

（4）用户列表显示

用户列表显示功能描述如表 8-5 所示。

表 8-5 用户列表显示功能描述

名称、标识符	用户列表
功能描述	查看用户信息列表
参与用户	获得该权限的用户
输入	已录入的用户信息
操作序列	（1）进入用户列表页面 （2）查看用户信息：用户名、密码 （3）输入用户名称，可以根据条件筛选职称信息
输出	筛选出符合条件的用户信息
补充说明	

8.3 配置环境

使用 MyEclipse 开发工具进行模块开发，在项目中创建的包结构如图 8-3 所示。项目文件夹中的各个包、类及文件的功能如下。

(1) com.myhibernate：在该包下编写 Hibernate 的工厂类。

(2) HibernateSessionFactory.java：用来创建 Hibernate 会话工厂的类。

(3) com.user.action：在该包下编写用户管理模块的控制器类。

(4) UserAction.java：用于显示用户信息的控制类。

(5) UserAddAction.java：用于添加用户信息的控制类。

(6) UserRemoveAction.java：用于删除用户信息的控制类。

(7) UserUpdateAction.java：用于修改用户信息的控制类。

(8) com.user.hibernate：用于存放执行数据库持久化操作的类。

(9) UserHibernate.java：用户管理模块数据库持久化操作的类。

(10) com.User.service：用于存储数据库业务逻辑接口。

(11) UserService.java：用户管理模块业务逻辑接口。

(12) com.user.vo：用于存放持久化类和映射文件。

(13) CaepHrUsers.java：用户信息表的持久化类。

(14) CaepHrUsers.hbm.xml：映射文件，用来配置映射数据表与持久化的类。

下面介绍该模块的具体开发过程，操作步骤如下。

(1) 创建一个 Web Project，项目名称为 human，单击 Finish 按钮，即可完成项目的创建，如图 8-4 所示。

图 8-3　项目的包结构图　　　　图 8-4　创建 Web Project 对话框

(2) 在新创建的项目中添加 Hibernate 支持，具体方法可以参考第 7 章的内容，这里也只需要添加 Hibernate Core Libraries。再添加依赖包，包括 Struts 2 所需的依赖包和 MySQL 数据库驱动程序所需的依赖包，所需要的包如下所示。

```
Struts2-core-2.1.8.1.jar:Struts2 框架的核心类库
xwork-core-2.1.6.jar: XWork 类库，Struts2 在其上构建
ognl-2.7.3.jar:对象图导航语言(Object Graph Navigation Language)，Struts2 框架通过它读取对象的属性
freemarker-2.3.15.jar:Struts2 UI 标记模板使用 FreeMarker 编写
commons-logging-1.0.4.jar:ASF 出品的日志包，支持 log4j 和 JDK 1.4+日志记录
```

```
commons-fileupload-1.2.1.jar：文件上传组件，在2.1.6版本后必须加入此文件
mysql-connector-java-5.0.3-bin.jar：MySQL数据库驱动程序
```

（3）在项目的web.xml文件中添加Struts 2支持，具体实现代码如下所示。

```xml
<filter>
        <filter-name>Struts2</filter-name>
<filter-class>org.apache.Struts2.dispatcher.ng.filter.StrutsPrepareAndExecuteFilter
</filter-class>
    </filter>

    <filter-mapping>
        <filter-name>Struts2</filter-name>
        <url-pattern>/*</url-pattern>
    </filter-mapping>
```

（4）在项目的src目录下添加struts.xml文件，具体内容如下所示。

```xml
<?xml version="1.0" encoding="UTF-8" ?>
<!DOCTYPE struts PUBLIC
    "-//Apache Software Foundation//DTD Struts Configuration 2.0//EN"
    "http://struts.apache.org/dtds/struts-2.0.dtd">
<struts>

</struts>
```

（5）在Tomcat Web应用服务器中部署并运行项目，在控制台中如果没有错误输出，证明Struts 2的开发环境配置正确，如图8-5所示。

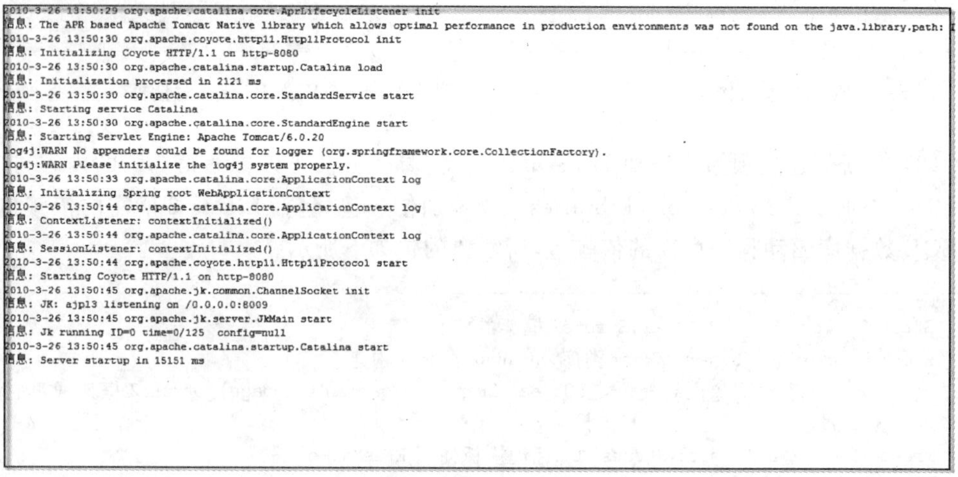

图8-5 运行成功界面

（6）在 src 根目录下添加 Hibernate 配置文件 hibernate.properties，代码所示如下。

```
hibernate.dialect = org.hibernate.dialect.MySQLDialect
hibernate.connection.driver_class = com.mysql.jdbc.Driver
hibernate.connection.url = jdbc:mysql://localhost:3306/human
hibernate.connection.username = root
hibernate.connection.password = mysql
```

hibernate.properties 配置文件主要用来描述连接数据库的相关信息，具体含义如下。

（1）hibernate.dialect：定义数据库使用的方言，本例中的 org.hibernate.dialect.MySQLDialect 表示使用 MySQL 方言。

（2）hibernate.connection.driver_class：定义用于驱动数据库的工具类，MySQL 的驱动数据库工具类为 com.mysql.jdbc.Driver。

（3）hibernate.connection.url：定义用于连接数据库的 URL，MySQL 中用于连接数据库的 URL 是 jdbc:mysql://localhost:3306/human，其中 human 为数据库名。

（4）hibernate.connection.username：定义用于连接数据库的用户名。

（5）hibernate.connection.password：定义用于连接数据库的用户密码。

8.4 用户管理模块持久层设计

进行用户管理模块的开发，首先要设计该模块的持久层，即需要为该模块涉及的实体对象创建持久化类和映射文件。

本模块中涉及的持久化实体对象只有 CaepHrUsers，那么只需建立 CaepHrUsers 的持久化类和映射文件即可。

（1）在项目的 src 目录下创建 CaepHrUsers 的持久化类，持久化类名为 CaepHrUsers.java，在持久化类中，编写属性信息及其 getter 与 setter 方法，属性如下。

① id：用户编号。
② Uname：用户名。
③ Upasswd：用户密码。
④ Utype：用户类型。
⑤ delStatus：删除状态。

持久化类代码如下。

```
package com.user.vo;
public class CaepHrUsers implements java.io.Serializable {
    // 属性
    private Integer uid;
    private String uname;
    private String upasswd;
    private String utype;
```

```java
    private String delStatus;
    // 构造器
    public CaepHrUsers() {
    }

    public CaepHrUsers(String uname, String upasswd) {
        this.uname = uname;
        this.upasswd = upasswd;
    }

    public CaepHrUsers(String uname, String upasswd, String utype,
            String delStatus) {
        this.uname = uname;
        this.upasswd = upasswd;
        this.utype = utype;
        this.delStatus = delStatus;
    }
    //每个属性的 getter 和 setter 方法


    public String getUname() {
        return this.uname;
    }
    public Integer getUid() {
        return uid;
    }

    public void setUid(Integer uid) {
        this.uid = uid;
    }

    public void setUname(String uname) {
        this.uname = uname;
    }
    public String getUpasswd() {
        return this.upasswd;
    }
    public void setUpasswd(String upasswd) {
        this.upasswd = upasswd;
    }
    public String getUtype() {
        return this.utype;
    }
    public void setUtype(String utype) {
        this.utype = utype;
    }
    public String getDelStatus() {
        return this.delStatus;
```

```
        }
        public void setDelStatus(String delStatus) {
            this.delStatus = delStatus;
        }
    }
```

（2）创建持久化类后，需要编写该持久化类的映射文件，持久化类与映射文件在同一个文件夹下，在编写的映射文件中应该加入如下内容。

① 持久化类的名称与数据表名称对应。
② 持久化类的属性与数据表的字段对应。

映射文件 CaepHrUsers.hbm.xml 的代码如下。

```xml
<?xml version="1.0" encoding="UTF-8"?>
<!DOCTYPE hibernate-mapping PUBLIC "-//Hibernate/Hibernate Mapping DTD 3.0//EN"
"http://hibernate.sourceforge.net/hibernate-mapping-3.0.dtd">
<hibernate-mapping>
    <class name="com.user.vo.CaepHrUsers" table="caep_hr_users" catalog="human">
        <id name="uid" type="java.lang.Integer">
            <column name="uid" />
            <generator class="increment" />
        </id>
        <property name="uname" type="java.lang.String">
            <column name="uname" length="200" not-null="true" />
        </property>
        <property name="upasswd" type="java.lang.String">
            <column name="upasswd" length="200" not-null="true" />
        </property>
        <property name="utype" type="java.lang.String">
            <column name="utype" length="1" />
        </property>
        <property name="delStatus" type="java.lang.String">
            <column name="del_status" length="1" />
        </property>
    </class>
</hibernate-mapping>
```

8.5 用户添加功能的实现

用户添加功能的实现步骤如下。

（1）进行业务层设计

在本应用中业务层通过调用 Hibernate 的相关接口来实现数据的持久化操作，业务层由一个接口及实现类构成，具体内容如下。

业务层接口 UserService.java 的代码如下。

```
package com.user.service;
import com.user.vo.CaepHrUsers;
public interface UserService {
    public void add(CaepHrUsers caepHrUsers);
}
```

业务实现类 UserHibernate.java 的代码如下。

```
package com.user.hibernate;
import org.hibernate.Session;
import org.hibernate.SessionFactory;
import org.hibernate.Transaction;
import org.hibernate.cfg.Configuration;
import com.user.service.UserService;
import com.user.vo.CaepHrUsers;
public class UserHibernate implements UserService {
    //实例化 User 对象的 sessionFactory,以便调用 Hibernate 接口
    public static SessionFactory sessionFactory;
    static {
        try {
            Configuration config = new Configuration();
            config.addClass(CaepHrUsers.class);
            sessionFactory = config.buildSessionFactory();
        }
        catch (Exception e) {
            e.printStackTrace();}
    }
    public void add(CaepHrUsers caepHrUsers) {

        Session session = sessionFactory.openSession();
        // 声明并管理事务
        Transaction tx = null;
        try {
            tx = session.beginTransaction();
            session.saveOrUpdate(caepHrUsers);
            tx.commit();
        } catch (Exception e) {
            if (tx != null) {
                tx.rollback();
            }
        } finally {
            session.close();
        }
    }
}
```

(2) 进行表示层设计

用户添加操作的 Action 类的具体实现代码如下所示。

```java
package com.user.action;

import com.opensymphony.xwork2.ActionContext;
import com.opensymphony.xwork2.ActionSupport;
import com.user.hibernate.UserHibernate;
import com.user.service.UserService;
import com.user.vo.CaepHrUsers;
public class UserAddAction extends ActionSupport {
    private String uname;
    private String upasswd;
    private String utype;
    
    public String getUtype() {
        return utype;
    }
    public void setUtype(String utype) {
        this.utype = utype;
    }
    public String getUname() {
        return uname;
    }
    public void setUname(String uname) {
        this.uname = uname;
    }
    public String getUpasswd() {
        return upasswd;
    }
    public void setUpasswd(String upasswd) {
        this.upasswd = upasswd;
    }
    UserService userService = new UserHibernate();
    public String addUser(){
        try{
            CaepHrUsers caepHrUsers = new CaepHrUsers();
            caepHrUsers.setUname(uname);
            caepHrUsers.setUpasswd(upasswd);
            caepHrUsers.setUtype(utype);
            caepHrUsers.setDelStatus("1");
            userService.add(caepHrUsers);
            ActionContext.getContext().put("message","操作成功!");
        }catch (Exception e){
            ActionContext.getContext().put("message", "操作失败!");
            e.printStackTrace();
        }
        return "message";
    }
}
```

（3）修改 struts.xml

具体代码如下

```xml
<package name="human_user" extends="struts-default">
    <action name="add" class="com.user.action.UserAddAction"
        method="addUser">
        <result name="message">/users/message.jsp</result>
    </action>
</package>
```

（4）创建用户信息添加页面和操作结果显示页面

在 webroot 下创建文件夹 users，在 users 中创建添加用户信息的页面 userAdd.jsp 和操作结果显示页面 message.jsp。

userAdd.jsp 文件代码。

```jsp
<%@ page contentType="text/html; charset=UTF-8" language="Java" import="java.sql.*" errorPage="" %>
<%@ taglib prefix="c" uri="http://java.sun.com/jsp/jstl/core" %>
<%@ taglib prefix="fmt" uri="http://java.sun.com/jsp/jstl/fmt" %>
<%@ taglib prefix="fn" uri="http://java.sun.com/jsp/jstl/functions" %>
<html>
    <head>
        <title>添加新用户</title>
    </head>
    <body>
    <table cellpadding="0" cellspacing="0">
        <tr><td>添加新用户</td></tr>
    </table>
        <form name="form1" id="form1" action="add" method="post">
            <table cellpadding="0" cellspacing="0">
                <tr>
                    <td width="12%">用户名：</td>
                    <td width="22%" colspan="3"><input type="text" name="uname"/></td>
                </tr>
                <tr>
                    <td width="12%">密码：</td>
                    <td width="22%" colspan="3"><input type="text" name="upasswd"/></td>
                </tr>
                <tr>
                    <td width="12%">类型：</td>
                    <td width="22%" colspan="3"><input type="text" name="utype"/></td>
                </tr>
                <tr>
                    <td colspan="4"><input type="submit" name="btn2" value="保 存" />
                    <input type="reset" name="btn3" value="重 置" /></td>
```

```html
            </tr>
        </table>
    </form>
  </body>
</html>
```

message.jsp 文件代码。

```jsp
<!DOCTYPE html PUBLIC "-//W3C//DTD XHTML 1.0 Transitional//EN" "http://www.w3.org/TR/xhtml1/DTD/xhtml1-transitional.dtd">
<%@ page contentType="text/html; charset=utf-8" language="java"
    import="java.sql.*" errorPage="" %>
<%@ taglib prefix="c" uri="http://java.sun.com/jsp/jstl/core" %>
<%@ taglib prefix="fmt" uri="http://java.sun.com/jsp/jstl/fmt" %>
<%@ taglib prefix="fn" uri="http://java.sun.com/jsp/jstl/functions" %>
<html>
  <head>
    <meta http-equiv="Content-Type" content="text/html; charset=gb2312" />
    <title>操作结果</title>
  </head>
  <body>
    <table cellpadding="0" cellspacing="0">
        <tr>
            <td>
                当前位置：操作结果
            </td>
        </tr>
    </table>
    <table width="100%" border="0" cellspacing="0" cellpadding="0">
        <tr>
            <td height="6"></td>
        </tr>
    </table>
    <table width="98%" border="0" align="center" cellpadding="0"
        cellspacing="0">
        <tr>
            <td height="26" bgcolor="EFEFEF">
                 
            </td>
            <td width="64%" bgcolor="EFEFEF">
                 
            </td>
            <td width="14%" bgcolor="EFEFEF" align="right">
                 
            </td>
        </tr>
```

```
                    <tr bgcolor = "#CCCCCC">
                        <td height = "1" colspan = "3"></td>
                    </tr>
                </table>
                <table width = "100%" border = "0" cellspacing = "0" cellpadding = "0">
                    <tr>
                        <td height = "2"></td>
                    </tr>
                </table>
                <table width = "98%" border = "0" align = "center" cellpadding = "0"
                    cellspacing = "0">
                    <tr>
                        <td height = "200" align = "center" valign = "middle" bgcolor = "#f8f8f8">
                            ${message}
                        </td>
                    </tr>
                </table>
                <table   width = "98%"    border = "0"    align = "center"    cellpadding = "1"
                    cellspacing = "1">
                <tr>
                <td valign = "top">
                    <table width = "100%" border = "0" cellspacing = "0" cellpadding = "0">
                        <tr>
                        <td height = "27">
                        <table width = "100%" border = "0" cellspacing = "0" cellpadding = "0">
                        <tr>
                        <td align = "center" bgcolor = "EFEFEF">
                        <input type = "submit" name = "btn2"
                            onclick = "window.location.href = 'redirectAction'"   value = "返回列表" />
                        </td>
                        </tr>
                        </table>
                        </td>
                        </tr>
                        </table>
                </td>
                </tr>
                </table>
        <table width = "98%" border = "0" align = "center" cellpadding = "0"   cellspacing = "0">
        </table>
        </body>
        </html>
```

(5) 测试运行结果

在浏览器地址栏中输入网址 http://localhost:8080/human/users/userAdd.jsp,显示页面如图 8-6 所示。

在页面中输入相应的信息,单击"保存"按钮,即可完成新用户的添加,如图 8-7 所示。至此,用户添加功能就完成了。

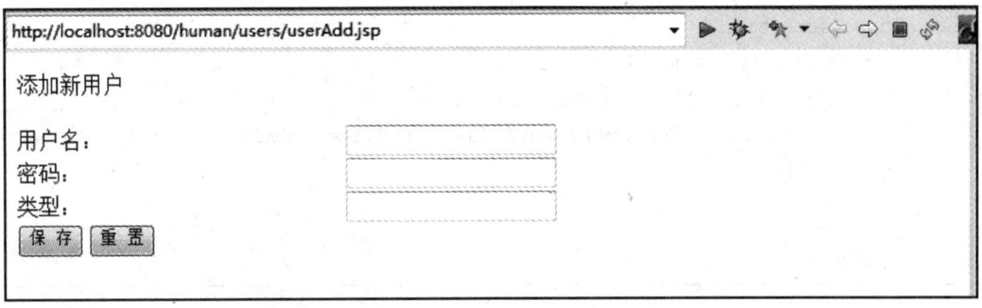

图 8-6 添加用户页面

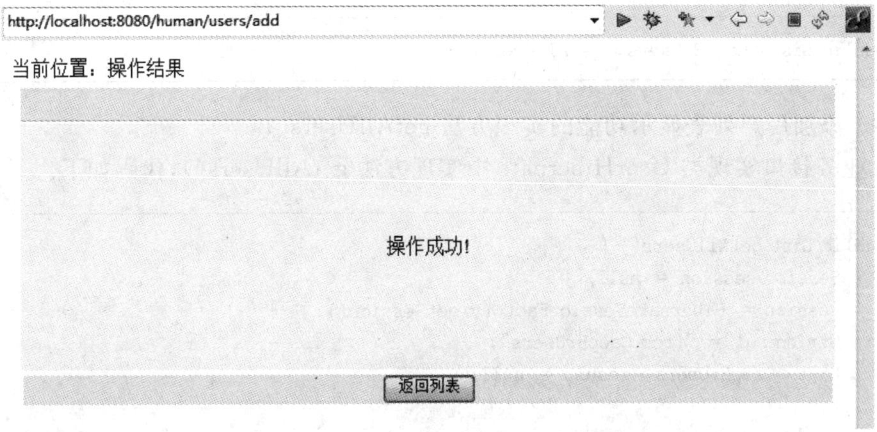

图 8-7 用户添加操作成功页面

8.6 用户列表显示功能的实现

用户列表显示功能的实现步骤如下。
(1) 在 struts.xml 中添加实现显示功能的 action,代码如下。

```
<action name = "list"    class = "com.user.action.UserAction"    method = "list">
    <result name = "list">/users/userList.jsp</result>
</action>
```

(2) 添加用户处理显示功能的 action 类。
在 action 包中添加 UserAction 类,用于处理 list action,具体代码如下。

```
package com.user.action;

import com.user.hibernate.UserHibernate;
import com.user.service.UserService;
import com.opensymphony.xwork2.ActionContext;
```

```java
public class UserAction {
    UserService service = new UserHibernate();
    public String list() throws Exception{
        ActionContext.getContext().put("list",service.getAllUsers());
        return "list";
    }
}
```

(3) 添加用户列表显示功能的抽象方法 getAllUsers。

在业务接口 UserService 中添加抽象方法,方法命名如下。

```java
public List<CaepHrUsers> getAllUsers();
```

(4) 添加用户列表显示功能的实现方法 getAllUsers()。

在业务接口实现类 UserHibernate 中实现方法 getAllUsers(),代码如下。

```java
public List getAllUsers() {
    Session session = null;
    session = HibernateSessionFactory.getSession();
    String sql = "from CaepHrUsers";
    List<CaepHrUsers> result = null;
    try {
        Query query = session.createQuery(sql);
        result = query.list();
    } catch (Exception e) {
        e.printStackTrace();
    } finally {
        session.close();
    }
    return result;
}
```

(5) 创建 HibernateSessionFactory 类,用于创建 session,具体代码如下。

```java
package com.myhibernate;

import org.hibernate.ConnectionReleaseMode;
import org.hibernate.HibernateException;
import org.hibernate.Session;
import org.hibernate.cfg.Configuration;

public class HibernateSessionFactory {

    private static String CONFIG_FILE_LOCATION = "/hibernate.cfg.xml";
```

```java
private static final ThreadLocal<Session> threadLocal = new ThreadLocal<Session>();
private static Configuration configuration = new Configuration();
private static org.hibernate.SessionFactory sessionFactory;
private static String configFile = CONFIG_FILE_LOCATION;

static {
    try {
        configuration.configure(configFile);
        sessionFactory = configuration.buildSessionFactory();
    } catch (Exception e) {
        System.err
            .println("%%%% Error Creating SessionFactory %%%%");
        e.printStackTrace();
    }
}
private HibernateSessionFactory() {
}

public static Session getSession() throws HibernateException {
    Session session = (Session) threadLocal.get();

    if (session == null || !session.isOpen()) {
        if (sessionFactory == null) {
            rebuildSessionFactory();
        }
        session = (sessionFactory != null) ? sessionFactory.openSession()
            : null;
        threadLocal.set(session);
    }

    return session;
}


public static void rebuildSessionFactory() {
    try {
        configuration.configure(configFile);
        sessionFactory = configuration.buildSessionFactory();
    } catch (Exception e) {
        System.err
            .println("%%%% Error Creating SessionFactory %%%%");
        e.printStackTrace();
    }
}

public static void closeSession() throws HibernateException {
    Session session = (Session) threadLocal.get();
    threadLocal.set(null);
```

```java
            if (session ! = null) {
                session.close();
            }
        }

        public static org.hibernate.SessionFactory getSessionFactory() {
            return sessionFactory;
        }

        public static void setConfigFile(String configFile) {
            HibernateSessionFactory.configFile = configFile;
            sessionFactory = null;
        }

        public static Configuration getConfiguration() {
            return configuration;
        }
    }
```

（6）创建显示用户列表的页面 userList.jsp，代码如下。

```jsp
<%@ page contentType = "text/html; charset = UTF - 8" language = "Java" import = "java
.sql.*" errorPage = "" %>
<%@ taglib prefix = "c" uri = "http://java.sun.com/jsp/jstl/core" %>
<%@ taglib prefix = "fmt" uri = "http://java.sun.com/jsp/jstl/fmt" %>
<%@ taglib prefix = "fn" uri = "http://java.sun.com/jsp/jstl/functions" %>
<html>
<head>

    <title>用户列表</title>

    <script type = "text/javascript">
        function toDelete(url,idValue)
        {
            frm.id.value = idValue;
            frm.action = url;
            if(confirm('确认要删除吗?'))
                frm.submit();
        }

    </script>
</head>
<body>
    <form name = "form1" id = "form1" action = "" method = "post">
        <table cellpadding = "0" cellspacing = "0" width = "100 % ">
            <tr>
```

```html
            <td>当前位置：用户列表</td>
            <td align="right"><a href="userAdd.jsp">添加</a></td>
        </tr>
    </table>

    <table cellspacing="0" cellpadding="0" border="1">
        <tr class="l_tab_t">
            <td width="4%">序号</td>
            <td width="4%">用户名</td>
            <td width="4%">密码</td>
            <td width="4%">类型</td>
            <td width="4%">状态</td>
            <td width="4%">操作</td>
        </tr>
        <c:forEach items="${list}" var="list" varStatus="status">
        <tr><td><c:out value="${status.index+1+(pageinfo.page-1)*pageinfo.pageSize}"/>
             </td>
            <td>${list.uname}</td>
            <td>${list.upasswd}</td>
            <td>${list.utype}</td>
            <td>
                <c:if test="${list.delStatus==1}">未删除</c:if>
                <c:if test="${list.delStatus==2}">已删除</c:if>
            </td>
            <td><a href="edit?caepHrUsers.uid=${list.uid}">编辑</a> |
                <a href="remove?caepHrUsers.uid=${list.uid}">删除</a></td>
        </tr>
        </c:forEach>
    </table>

    </form>
</body>
</html>
```

(7) 测试运行结果，在浏览器地址栏中输入网址 http://localhost:8080/human/users/list，显示页面如图 8-8 所示。

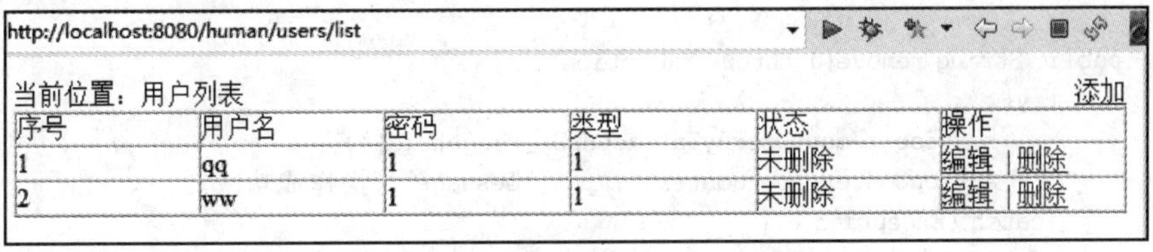

序号	用户名	密码	类型	状态	操作
1	qq	1	1	未删除	编辑 | 删除
2	ww	1	1	未删除	编辑 | 删除

图 8-8　用户列表显示页面

8.7 用户删除功能的实现

用户删除功能的实现步骤如下。

(1) 在 struts.xml 中添加实现删除功能的 action,代码如下。

```xml
<action name = "remove" class = "com.user.action.UserRemoveAction"
    method = "remove">
    <result name = "message">/users/message.jsp</result>
</action>
```

(2) 添加删除功能的 Action 类,代码如下。

```java
package com.user.action;

import com.opensymphony.xwork2.ActionContext;
import com.opensymphony.xwork2.ActionSupport;
import com.user.hibernate.UserHibernate;
import com.user.service.UserService;
import com.user.vo.CaepHrUsers;

public class UserRemoveAction extends ActionSupport{

    UserService service = new UserHibernate();
    CaepHrUsers caepHrUsers = new CaepHrUsers();

    public UserService getService() {
        return service;
    }

    public void setService(UserService service) {
        this.service = service;
    }

    public CaepHrUsers getCaepHrUsers() {
        return caepHrUsers;
    }

    public void setCaepHrUsers(CaepHrUsers caepHrUsers) {
        this.caepHrUsers = caepHrUsers;
    }

    public String remove() throws Exception{
        try{
            service.removeUserById(caepHrUsers.getUid());
            ActionContext.getContext().put("message","操作成功!");
        }catch (Exception e){
            ActionContext.getContext().put("message", "操作失败!");
```

```
            e.printStackTrace();
        }
        return "message";
    }

}
```

(3) 添加删除功能的抽象方法。

在业务接口中添加删除功能的抽象方法 removeuserById,代码如下。

```
public boolean removeUserById(int uid);
```

(4) 添加删除功能的实现方法 removeuserById。

在业务接口的实现类中实现删除的方法,代码如下。

```
public boolean removeUserById(int uid){

    Session session = HibernateSessionFactory.getSession();
    Transaction transaction = session.beginTransaction();
    String hql = "delete from CaepHrUsers where uid = :uid";
    try{
        Query query = session.createQuery(hql);
        query.setParameter("uid", uid);
        query.executeUpdate();
        transaction.commit();
        return true;
    } catch (Exception ex) {
        ex.printStackTrace();
    } finally {
        session.close();
    }

    return false;
}
```

(5) 测试运行结果,在图 8-8 所示的用户列表页面中,单击要删除的记录后面的"删除"链接,即可完成删除操作。

8.8 用户修改功能的实现

用户修改功能的实现步骤如下。

(1) 在 struts.xml 中添加实现修改功能的 action,代码如下。

```
< action name = "update" class = "com.user.action.UserUpdateAction"
        method = "updateUsers">
```

```xml
<result name = "message">/users/message.jsp</result>
</action>

<action name = "edit" class = "com.user.action.UserUpdateAction"
    method = "edit">
    <result name = "updateUsers">/users/userEdit.jsp</result>
</action>
```

(2) 创建实现修改功能的 Action 类,代码如下。

```java
package com.user.action;

import com.opensymphony.xwork2.ActionContext;
import com.opensymphony.xwork2.ActionSupport;
import com.user.hibernate.UserHibernate;
import com.user.service.UserService;
import com.user.vo.CaepHrUsers;

public class UserUpdateAction extends ActionSupport{
    private int id;
    private String uname;
    private String upasswd;

    public String getUname() {
        return uname;
    }
    public void setUname(String uname) {
        this.uname = uname;
    }

    public String getUpasswd() {
        return upasswd;
    }

    public void setUpasswd(String upasswd) {
        this.upasswd = upasswd;
    }

    UserService service = new UserHibernate();
    CaepHrUsers caepHrUsers = new CaepHrUsers();

    public String updateUsers() throws Exception {

        try{
            //CaepHrUsers caepHrUsers = new CaepHrUsers();
            caepHrUsers.setUname(uname);
```

```java
            caepHrUsers.setUpasswd(upasswd);
            service.updateUser(caepHrUsers,id);
            ActionContext.getContext().put("message","操作成功!");
        }catch (Exception e){
            ActionContext.getContext().put("message", "操作失败!");
            e.printStackTrace();
        }
        return "message";
    }

    public int getId() {
        return id;
    }
    public void setId(int id) {
        this.id = id;
    }
    public UserService getService() {
        return service;
    }
    public void setService(UserService service) {
        this.service = service;
    }
    public CaepHrUsers getCaepHrUsers() {
        return caepHrUsers;
    }
    public void setCaepHrUsers(CaepHrUsers caepHrUsers) {
        this.caepHrUsers = caepHrUsers;
    }
    public String edit() throws Exception{
        CaepHrUsers users = service.getUserById(caepHrUsers.getId());
            ActionContext.getContext().put("users",users);
            return "updateUsers";
    }
}
```

(3) 添加修改功能的抽象方法。

在业务接口 UserService 中添加修改功能的相关方法，代码如下。

```java
public boolean updateUser(CaepHrUsers user, int id);
public CaepHrUsers getUserById(int id);
```

(4) 添加修改功能的实现方法 UpdateUser。

在业务实现类 UserHibernate 中添加修改的方法，代码如下。

```java
public CaepHrUsers getUserById(int id){
        Session session = HibernateSessionFactory.getSession();
        Transaction transaction = session.beginTransaction();
```

```java
            String sql = "from CaepHrUsers where id = " + id;
        CaepHrUsers caepHrUsers = null;
        List<CaepHrUsers> result = null;
        try{
            //caepHrUsers = (CaepHrUsers)session.createQuery(sql);
            Query query = session.createQuery(sql);
            result = query.list();
            caepHrUsers = result.get(0);
        }catch(Exception ex){
            ex.printStackTrace();
        }finally{
                session.close();
        }
                return caepHrUsers;

    }

    public boolean updateUser(CaepHrUsers user, int id) {
        Session session = HibernateSessionFactory.getSession();
        Transaction transaction = session.beginTransaction();
        String hql = "update CaepHrUsers set uname = :uname, upasswd = :upasswd where id
                = :id";
        try{
            Query query = session.createQuery(hql);
            query.setParameter("uname", user.getUname());
            query.setParameter("upasswd", user.getUpasswd());
            query.setParameter("id", id);
            query.executeUpdate();
            transaction.commit();
            return true;
        } catch (Exception ex) {
            ex.printStackTrace();
        } finally {
            session.close();
        }

        return false;
    }
```

(5) 添加修改功能页面文件 userEdit.jsp, 具体代码如下所示。

```jsp
<%@ page contentType = "text/html; charset = UTF - 8" language = "Java" import = "java.
sql.*" errorPage = "" %>
<%@ taglib prefix = "c" uri = "http://java.sun.com/jsp/jstl/core" %>
<%@ taglib prefix = "fmt" uri = "http://java.sun.com/jsp/jstl/fmt" %>
<%@ taglib prefix = "fn" uri = "http://java.sun.com/jsp/jstl/functions" %>
```

```html
<html>
<head>
    <title>修改用户信息</title>
</head>
<body>
    <table cellpadding="0" cellspacing="0">
        <tr><td>当前位置：修改用户信息</td></tr>
    </table>
    <form name="form1" id="form1" action="update" method="post">
    <table cellpadding="0" cellspacing="0" border="1">
        <tr>
            <td width="12%">用户名：</td>
            <td width="22%" colspan="3">
                <input type="text" name="uname" value="${users.uname}"/>
                <input type="hidden" name="id" value="${users.uid}"/>
                <input type="hidden" name="delStatus" value="${users.delStatus}"/>
            </td>
        </tr>
        <tr>
            <td width="12%">密码：</td>
            <td width="22%" colspan="3">
                <input name="upasswd" value="${users.upasswd}" />
            </td>
        </tr>

        <tr>
            <td width="12%">类型：</td>
            <td width="22%" colspan="3">
                <input name="upasswd" value="${users.utype}" />
            </td>
        </tr>
        <tr>
            <td colspan="4">
            <div align="center">
                <input type="submit" name="btn2" value="保 存" />
                <input type="reset" name="btn3" value="重 置" />
            </div>
            </td>
        </tr>
    </table>
    </form>
</body>
</html>
```

（6）运行测试结果，在图8-8所示的页面中单击要修改记录的"编辑"链接，即可进入修改页面，如图8-9所示。

（7）修改用户的相关信息后，单击"保存"按钮，即可完成用户信息的修改，完成修改

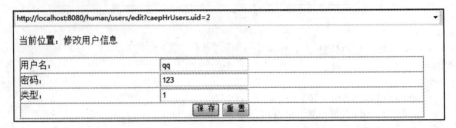

图 8-9　修改用户信息页面

后显示操作成功页面，如图 8-10 所示。

图 8-10　修改操作成功界面

至此，人事管理系统中用户管理模块的基本功能就介绍完了。

小结

本章在第 7 章的基础之上，通过完成人事管理系统中用户管理模块，介绍了 Struts 与 Hibernate 的集成使用方法，以及用户管理模块的增、删、改、查等功能的实现过程。本章的重点内容是 Struts 与 Hibernate 的集成开发流程。

习题

使用 Struts＋Hibernate 的方式开发人事管理系统中的职称管理模块。

第 9 章

Spring 框架技术

Spring 是一个开源框架,是为简化企业级应用系统开发而推出的。框架的主要优势之一就是其分层架构,分层架构允许程序员选择使用哪一个组件,同时为 J2EE 应用程序开发提供了集成的框架。本章首先从 Spring 框架底层模型的角度描述该框架的功能,然后介绍 Spring 面向切面编程和控制反转容器。通过本章的学习,可以达到以下目标:
- 了解 Spring 的主要思想与作用;
- 掌握 Spring 控制反转和依赖注入的思想;
- 了解 Spring 面向切面编程的原理;
- 了解 Spring bean 的基本装配和特性。

9.1 Spring 框架简介

Spring 的全称为 SpringFramework,是众多 Java 框架中的一种。Spring 由 7 个定义良好的模块组成。Spring 模块构建在核心容器之上,核心容器定义了创建、配置和管理 bean 的方式,如图 9-1 所示。

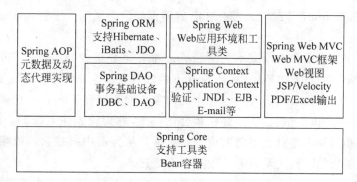

图 9-1 Spring 框架的 7 个模块

组成 Spring 框架的每个模块都可以单独存在,或者与其他一个或多个模块联合实现。每个模块的功能如下。

(1) Spring Core:核心容器提供 Spring 框架的基本功能。核心容器的主要组件是

BeanFactory，它是工厂模式的实现。BeanFactory 使用 IoC(Inverse of Control,控制反转）模式将应用程序的配置和依赖性规范与实际的应用程序分开。

（2）Spring Context：Spring Context 是一个配置文件，向 Spring 框架提供上下文信息。Spring 上下文包括企业服务，例如 JNDI、EJB、电子邮件、国际化、校验和调度功能。

（3）Spring AOP：通过配置管理特性，Spring AOP 模块直接将面向切面的编程功能集成到了 Spring 框架中。所以，可以很容易地使 Spring 框架管理的任何对象支持 AOP 面向切面编程。Spring AOP 模块为基于 Spring 的应用程序中的对象提供了事务管理服务。通过使用 Spring AOP，不用依赖 EJB 组件，就可以将声明性事务管理集成到应用程序中。

（4）Spring DAO：JDBC DAO 抽象层提供了有意义的异常层次结构，可用该结构来管理异常处理和不同数据库供应商抛出的错误消息。异常层次结构简化了错误处理，并且极大地降低了需要编写的异常代码数量（例如打开和关闭连接）。Spring DAO 面向 JDBC 的异常遵从通用的 DAO 异常层次结构。

（5）Spring ORM：Spring 框架插入了若干个 ORM 框架，从而提供了 ORM 的对象关系工具，其中包括 JDO、Hibernate 和 iBATIS SQL Map。所有这些都遵从 Spring 的通用事务和 DAO 异常层次结构。

（6）Spring Web：Web 上下文模块建立在应用程序上下文模块之上，为基于 Web 的应用程序提供了上下文。所以，Spring 框架支持与 Jakarta Struts 的集成。Web 模块还简化了处理大部分请求以及将请求参数绑定到域对象的工作。

（7）Spring MVC：MVC 框架是一个功能完善的构建 Web 应用程序的 MVC 实现。通过策略接口，MVC 框架成为高度可配置的，MVC 容纳了大量视图技术，其中包括 JSP、Velocity、Tiles、iText 和 POI。

使用 Spring，可以用简单的 JavaBeans 来实现那些以前只有 EJB 才能实现的功能。不只是服务端开发能从中受益，任何 Java 应用开发都能从 Spring 简单、可测试和松耦合特征中得到好处。Spring 的核心功能可以描述为：Spring 是一个轻量级的 DI(Dependency Injection，依赖注入）和 AOP 容器框架。为了深入了解 Spring，下面把这个描述分解开来。

轻量级——从大小和应用成本上说 Spring 都算是轻量级的。整个 Spring 框架可以打成一个 2.5MB 多点的 JAR 包，并且 Spring 的处理成本也非常小。更重要的是，Spring 是非侵入式的：基于 Spring 开发的应用中的对象一般不依赖于 Spring 的类。

依赖注入——Spring 提供了一种松耦合的技术，称为依赖注入（DI）。使用 DI，对象将被动接收依赖类而不是自己主动去找。对象不是从容器中查找它的依赖类的，而是由容器在实例化对象的时候主动将其依赖类注入给它。

面向切面——Spring 为面向切面编程提供了强大支持，通过将业务逻辑从应用服务（如监控和事务管理）中分离出来，实现了内聚开发。应用对象只负责完成它们的工作——业务逻辑处理，它们不负责其系统问题（如日志和事务支持）。

容器——Spring 是一个容器，因为它包含并且管理着应用对象的生命周期和配置。可以通过配置来设定 Bean 是单一实例，还是每次请求产生一个实例，并且设定它们之间的关联关系。Spring 有别于传统的重量级 EJB 容器,这些容器通常很大,很笨重。

框架——通过 Spring 使用简单的组件配置即可实现一个复杂的应用。在 Spring 中,应用中的对象是通过 XML 文件配置组合起来的,并且 Spring 提供了很多基础功能,这使开发人员能够专注于开发应用逻辑。

总之,将 Spring 划分为这几个基本组件,所获得就是一个 Spring 框架,它能够帮助程序员开发出松耦合的应用代码,这些工作都是由 Spring 完成的,松耦合的优点(可维护性和可测试性)使得 Spring 更具有价值且应用范围更广。

9.2 Spring 核心思想

Spring 的核心是一个 IoC/DI 的容器,它可以帮程序设计人员完成组件之间的依赖关系注入,使得组件之间的依赖性达到最小,进而提高组件的可重用性,Spring 是一个低侵入性(Invasive)的框架,Spring 中的组件可以轻易地从框架中脱离,而且几乎不用进行任何的修改,反过来说,组件也可以简单的方式加入至框架中,这使得组件甚至框架的整合变得容易。

Spring 最为人所重视的另一方面是支持 AOP,AOP 框架是 Spring 支持的一个子框架。Spring 也提供 MVC Web 框架的解决方案,但程序员也可以将自己所熟悉的 MVC Web 框架与 Spring 整合,如 Struts、Webwork 等,都可以与 Spring 整合而成为仅用于自己的解决方案。Spring 也提供其他方面的整合,如持久层的整合 JDBC、O/R Mapping 工具(Hibernate、iBATIS)、事务处理等,Spring 是一个全方位的应用程序框架。

9.2.1 控制反转

控制反转是 Spring 容器的内核,其他功能都构建在此基础之上。如果几个类之间存在调用关系,要改变各类之间的调用关系,只能修改类中的代码,为了降低这种耦合程度,IoC 应运而生,这种思想将类与类之间的关系放到了外部容器,即配置文件中,各个类都是相对独立存在的,类之间的调用关系由配置文件来实现,这种控制权由程序代码转移到外部容器的思想就是所谓的反转控制。

符合控制反转原理的应用使用配置文件来描述组件间的依赖,然后由控制反转框架来实现配置的依赖。"反转"意味着,应用不控制其结构,而是由控制反转框架来负责处理。

下面通过一个生动形象的例子介绍控制反转。

例如,一个女孩希望找到合适的男朋友,如图 9-2 所示,可以有 3 种方式,即青梅竹马、亲友介绍、父母包办。

第 1 种方式是青梅竹马,如图 9-3 所示。

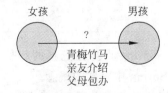

图 9-2 女孩找到合适男友的方式图示

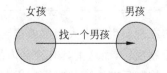

图 9-3 青梅竹马方式图示

代码如下。

```
public class Girl {
    void contact(){
        Boy boy = new Boy();
    }
}
```

第 2 种方式是亲友介绍,如图 9-4 所示。

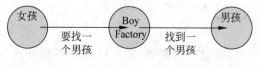

图 9-4　亲友介绍方式图示

代码如下。

```
public class Girl {
    void contact(){
        Boy boy = BoyFactory.createBoy();
    }
}
```

第 3 种方式是父母包办,如图 9-5 所示。

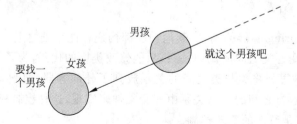

图 9-5　父母包办方式图示

代码如下。

```
public class Girl {
    void contact(Boy boy){
        boy.contact();
    }
}
```

虽然在现实生活中人们都希望青梅竹马,但在 Spring 世界里选择的却是父母包办,这就是控制反转,而这里具有控制力的父母,就是 Spring 中容器的概念。

符合控制反转原理的应用使用配置文件来描述组件间的依赖,然后由控制反转框架来实现配置的依赖。"反转"意味着,应用不控制其结构,而是由控制反转框架来负责处理。

在典型的 IoC 场景中,容器创建了所有对象,并设置必要的属性将它们连接在一起,决定什么时间调用方法。表 9-1 中列出了 IoC 的实现模式。

表 9-1 IoC 的实现模式

类型 1	服务需要实现专门的接口,通过接口,由对象提供这些服务,可以从对象查询依赖性(例如,需要的附加服务)
类型 2	通过 JavaBean 的属性(例如 setter 方法)分配依赖性
类型 3	依赖性以构造函数的形式提供,不以 JavaBean 属性的形式公开

Spring 框架的 IoC 容器采用类型 2 和类型 3 实现。

9.2.2 依赖注入

在程序运行期间,外部容器动态地控制程序组件之间的依赖关系,将组件之间的依赖关系注入组件之中,这就是依赖注入的本质含义。依赖注入在本质上是控制反转的另一种解释。

当有类 A 实例需要调用类 B 的实例时,可以不直接调用,而是在 Spring 容器中创建类 A 的实例和类 B 的实例,并将类 B 的实例注入类 A 的实例中。Spring 容器通过配置文件中的<bean>标签来读取每一个 Bean 的配置信息,可以通过为<bean>标签的属性设定不同值在容器中注入不同的 Java 类。

应用依赖注入原则后,代码将更加清晰。而且当 bean 自己不再担心对象之间的依赖关系(以及在何时何地指定这种依赖关系和依赖的实际类是什么)之后,实现更高层次的松耦合将变得很容易。

依赖注入主要有以下两种注入方式。

(1) Setter 注入

通过调用无参构造器或无参 static 工厂方法实例化 bean 之后,调用该 bean 的 setter 方法,即可实现基于 setter 的依赖注入。

下面的例子将展示如何使用 setter 注入依赖。

先创建一个对象,Java 代码如下所示。

```java
public class HelloWorld {
    private String msg;
    public String getMsg() {
        return msg;
    }
    public void setMsg(String msg) {
        this.msg = msg;
    }
}
```

再修改配置文件 applicationContext.xml,实例化 bean,applicationContext.xml 文件中相应的代码如下所示。

```xml
<bean id="helloBean" class="HelloWorld">
    <property name="msg" value="hello world!"/>
</bean>
```

最后测试能否能够得到注入的 bean,在控制台打印输出对象的属性,测试类中的 main()方法如下所示。

```java
public static void main(String args[]){
    //读取配置文件,获得 BeanFactory
    ApplicationContext ctx = new ClassPathXmlApplicationContext("applicationContext.xml");
    BeanFactory factory = ctx;
    HelloWorld hello = (HelloWorld)factory.getBean("helloBean");
    System.out.print(hello.getMsg());
}
```

(2) 构造器注入

基于构造器的依赖注入通过调用带参数的构造器来实现,每个参数代表着一个协作者。此外,还可通过给静态工厂方法传递参数来构造 bean。

下面给出了只能使用构造器参数来注入依赖关系的例子。

先创建一个对象(bean),java 代码如下所示。

```java
public class HelloWorld {
    private String msg;
    //需要一个默认的无参构造器
    public HelloWorld() {
    }
    public HelloWorld(String msg) {
    }
    public String getMsg() {
        return msg;
    }
    public void setMsg(String msg) {
        this.msg = msg;
    }
}
```

再修改配置文件 applicationContext.xml,实例化 bean,applicationContext.xml 文件中相应的代码如下所示。

```xml
<bean id="hello" class="HelloWorld">
    <constructor-arg index="0">
```

```
        <value>HelloWorld!</value>
    </constructor-arg>
</bean>
```

最后测试能否能够得到注入的 bean，在控制台打印输出对象的属性，测试类中的 main()方法如下所示。

```
public static void main(String args[]){
    //读取配置文件，获得 BeanFactory
    ApplicationContext ctx = new ClassPathXmlApplicationContext("applicationContext.xml");
    BeanFactory factory = ctx;
    HelloWorld hello = (HelloWorld)factory.getBean("hello");
    System.out.print(hello.getMsg());
}
```

9.2.3 面向切面编程

在应用软件的开发过程中，开发人员编写两类代码，一类是实现业务逻辑相关功能的代码，另一类是与业务逻辑关系不大的代码，如异常处理、日志等。面向切面编程（AOP）的思想就是把与业务逻辑关系不大的代码从程序中分离出来，提高代码的可重用性。例如，在操作数据库的对象中都需要编写获取数据库连接的代码，此时可以将所有的获取数据库连接看做是一个切面，所有对这些方法的调用都要经过这个切面，然后在这个切面中进行获取数据库连接的操作，这样就达到了代码复用的目的，Spring AOP 通常与 Spring IoC 一起使用。

设计模式所追求的是降低代码之间的耦合度，提高程序的灵活性和可重用性，AOP 实际上就是设计模式所追求的目标的一种实现。所谓的分离关注就是将某一通用的需求功能从不相关的类中分离出来；同时，能够使得很多类共享一个行为，一旦行为发生变化，就不必一一修改这些类，只需修改这个行为就可以了。AOP 就是这种实现分离关注的编程方法，它将"关注"封装在"方面"中。

面向对象编程（OOP）的方法是在面向过程的编程方法基础上进行改进得到的，而面向切面编程（AOP）的方法又是在面向对象编程方法的基础上进行改进而得到的一种创新的软件开发方法。AOP 和 OOP 虽然在字面上十分相似，但是却是面向不同领域的两种设计思想。OOP 针对问题领域中以及业务处理过程中存在的实体及其属性和操作进行抽象和封装，面向对象的核心概念是纵向结构的，其目标是获得更加清晰和高效的逻辑单元划分；而 AOP 则是针对业务处理过程中的切面进行提取的，例如，某一个操作在各个模块中都有涉及，这个操作就可以看成"横切"存在于系统当中。在许多情况下，这些操作都是与业务逻辑相关性不强的操作或者不属于逻辑操作的必需部分，而面向对象的方法很难对这种情况做出处理。AOP 则将这些操作与业务逻辑分离，使程序员在编写程序时可以专注于业务逻辑的处理，而利用 AOP 将贯穿于各个模块间的横切关注点自动耦合进来。AOP 所面对的是处理过程中的某个步骤或阶段，对不同阶段的领域加以隔离，已获得逻辑过程中各部分之间低耦合性的隔离效果，其与面向切面编程在目标上有着本质的差异。AOP 的核心思想就是将应用程序中的业务逻辑处理部分同为其提供支持的通用服务，即所谓的"横切关注点"进行分离，这些"横切关注点"贯穿了程序中多个纵向模块的需求。

下面介绍 AOP 的基本概念。

(1) 切面(Aspect)：一个关注点的模块化，这个关注点可能会横切多个对象。事务管理是 J2EE 应用中一个关于横切关注点的很好的例子。在 Spring AOP 中，切面可以使用通用类(基于模式的风格)或者在普通类中以 @Aspect 注解(@AspectJ 风格)来实现。

(2) 连接点(Joinpoint)：在程序执行过程中某个特定的点，如调用某个方法的时候或者处理异常的时候。在 Spring AOP 中，一个连接点总是代表一个方法的执行。通过声明一个 org.aspectj.lang.JoinPoint 类型的参数可以使通知的主体部分获得连接点信息。

(3) 通知(Advice)：在切面的某个特定连接点上执行的动作。通知有各种类型，其中包括 around、before 和 after 等。通知的类型将在后面进行讨论。许多 AOP 框架，包括 Spring，都是以拦截器作为通知模型的，并维护一个以连接点为中心的拦截器链。

(4) 切入点(Pointcut)：匹配连接点的断言。通知和一个切入点表达式关联，并在满足这个切入点的连接点上运行(例如，当执行某个特定名称的方法时)。切入点表达式如何和连接点匹配是 AOP 的核心，Spring 默认使用 AspectJ 切入点语法。

(5) 引入(Introduction)：也称为内部类型声明(Inter-type Declaration)。声明额外的方法或者某个类型的字段。Spring 允许引入新的接口(以及一个对应的实现)到任何被代理的对象。例如，可以使用一个引入来使 bean 实现 IsModified 接口，以便简化缓存机制。

(6) 目标对象(Target Object)：被一个或者多个切面所通知的对象，也有人把它叫做被通知(Advised)对象。既然 Spring AOP 是通过运行时代理实现的，这个对象永远是一个被代理(Proxied)对象。

(7) AOP 代理(AOP Proxy)：AOP 框架创建的对象，用来实现切面契约(Aspect Contract)(包括通知方法执行等功能)。在 Spring 中，AOP 代理可以是 JDK 动态代理或者 CGLIB 代理。注意：Spring 2.0 最新引入的基于模式(Schema-based)风格和 @AspectJ 注解风格的切面声明，对于使用这些风格的用户来说，代理的创建是透明的。

(8) 织入(Weaving)：把切面连接到其他的应用程序类型或者对象上，并创建一个被通知的对象。这些可以在编译时(例如使用 AspectJ 编译器)、类加载时和运行时完成。Spring 和其他纯 Java AOP 框架一样，在运行时完成织入。

通知的类型有以下几种。

(1) 前置通知(Before Advice)：在某个连接点之前执行的通知，但这个通知不能阻止连接点前的执行(除非它抛出一个异常)。

(2) 返回后通知(After Returning Advice)：在某个连接点正常完成后执行的通知，例如，一个方法没有抛出任何异常，正常返回。

(3) 抛出异常后通知(After Throwing Advice)：在方法抛出异常退出时执行的通知。

（4）后通知（After (Finally) Advice）：当某个连接点退出的时候执行的通知（不论是正常返回还是异常退出）。

（5）环绕通知（Around Advice）：包围一个连接点的通知，如方法调用。这是最强大的一种通知类型。环绕通知可以在方法调用前后完成自定义的行为。它会选择不再继续执行连接点、直接返回自己的返回值或抛出异常来结束执行。

9.3 装配bean

9.3.1 bean的基本装配

在Spring中，那些组成应用的主体及由Spring IoC容器所管理的对象称为bean。简单地讲，bean就是由Spring容器初始化、装配及管理的对象，除此之外，bean就没有特别之处了（与应用中的其他对象没有什么区别）。而bean的定义以及bean相互间的依赖关系将通过配置元数据来描述。

Spring IoC容器将读取配置元数据，并通过它对应用中的各个对象进行实例化、配置以及组装。在通常情况下使用简单直观的XML来作为配置元数据的描述格式。在XML配置元数据中可以对那些人们希望通过Spring IoC容器管理的bean进行定义。

在大多数的应用程序中，并不需要用显式的代码去实例化一个或多个Spring IoC容器实例。例如，在Web应用程序中，只需要在web.xml中添加简单的XML描述符即可。

Spring IoC容器至少包含一个bean定义，但在大多数情况下会有多个bean定义。当使用基于XML的配置元数据时，将在顶层的＜beans/＞元素中配置一个或多个＜bean/＞元素。

bean的定义与在应用程序中实际使用的对象一一对应。在通常情况下bean的定义包括服务层对象、数据访问层对象（DAO）、类似Struts Action的表示层对象、Hibernate SessionFactory对象、JMS Queue对象等。

bean的属性及构造器参数既可以引用容器中的其他bean，也可以是内联（inline，在spring的XML配置中使用＜property/＞和＜constructor-arg/＞元素定义）bean。下面列出了bean属性的几种设置方式。

（1）直接量（基本类型、Strings类型等）

＜value/＞元素通过字符串来指定属性或构造器参数的值。正如前面所提到的，JavaBean PropertyEditor用于将字符串从java.lang.String类型转化为实际的属性或参数类型。

（2）引用其他的bean

在＜constructor-arg/＞或＜property/＞元素内部还可以使用ref元素。该元素用来将bean中指定属性的值设置为对容器中另外一个bean的引用。如前所述，该引用bean将被作为依赖注入，而且在注入之前会被初始化。尽管都是对另外一个对象的引用，但是通过id/name指向另外一个对象却有3种不同的形式，不同的形式将决定如何处理作用域及验证。

第一种形式也是最常见的形式是使用<ref/>标签指定 bean 属性的目标 bean,通过该标签可以引用同一容器或父容器内的任何 bean(无论是否在同一 XML 文件中)。XML bean 元素的值既可以是指定 bean 的 id 值,也可以是其 name 值。代码如下所示:

< ref bean = "someBean"/>

第二种形式是使用 ref 的 local 属性指定目标 bean,它可以利用 XML 解析器来验证所引用的 bean 是否存在同一文件中。local 属性值必须是目标 bean 的 id 属性值。如果在同一配置文件中没有找到引用的 bean,XML 解析器将抛出一个例外。如果目标 bean 在同一文件内,使用 local 方式就是最好的选择(为了尽早地发现错误)。代码如下所示:

< ref local = "someBean"/>

第三种方式是使用 ref 的 parent 属性来引用当前容器的父容器中的 bean。parent 属性值既可以是目标 bean 的 id 值,也可以是 name 属性值,而且目标 bean 必须在当前容器的父容器中。

(3) 内部 bean

所谓的内部 bean 是指在一个 bean 的<property/>或 <constructor-arg/>元素中使用<bean/>元素定义的 bean。内部 bean 定义不需要有 id 或 name 属性,即使指定 id 或 name 属性值也会被容器忽略。

(4) 集合

通过<list/>、<set/>、<map/>及<props/>元素可以定义和设置与 Java Collection 类型对应的 List、Set、Map 及 Properties 值。

9.3.2 bean 的其他特性

1. bean 自动装配(bean 标签的 autowire 属性)

作用:不明确配置,自动将某个 bean 注入另一个 bean 的属性当中。

bean 自动装配的分类如下。

(1) byname:通过 id 来进行匹配。

(2) byType:通过类型来进行匹配。

(3) constructor:根据 Java 源程序中定义的构造方法,再根据类型进行匹配。

(4) autodetect:完全交给 Spring 管理。

注意:自动装配的优先级低于手动装配。自动装配一般被应用于快速开发中,但是不推荐使用,代码简单,但是一方面容易出错;另一方面也不方便后期的维护。

2. bean 实例的生命周期

bean 的生命周期如下所示。

(1) 实例化(必须的)构造函数构造对象。

(2) 装配(可选的)为属性赋值。

(3) 回调(可选的)容器-控制类和组件-回调类。

(4) 初始化(init-method=" ")。

(5) 就绪。

(6) 销毁(destroy-method=" ")。

3. bean 的范围

在默认情况下,容器是按照单例的方式去创建 bean 的,如果不想使用可以用(scope=" ")定义 bean 的使用范围,bean 的范围有以下几种,经常使用的是前两种。

(1) singleton：默认的。

(2) prototype：每次取出的都是新的对象。

(3) request：针对每次 HTTP 请求都产生新的 ben,同时该 bean 在 request 内有效。

(4) session：在一个会话周期中有效。

小结

本章介绍了 Spring 框架的构成、Spring 控制反转和依赖注入的原理、依赖注入的两种主要注入方式,说明了面向切片编程的思想,以及 Bean 的基本装配和特性。

习题

简答题

1. Spring 框架的核心模块有哪些？
2. 如何理解控制反转？
3. 如何理解 Spring 的 AOP？
4. 创建一个 Spring 应用应该分几步？
5. 概括地介绍 Spring 框架的特点。

第 10 章

Spring 框架的应用

控制反转是 Spring 容器的内核,依赖注入在本质上是控制反转的另一种解释,本章将以实例的方式演示控制反转、依赖注入和 Spring 持久化的应用。通过本章的学习,可以达到以下目标:
➢ 熟练掌握 Spring 的控制反转和依赖注入;
➢ 掌握通过将 Spring 和 Hibernate 整合的方法来完成持久化操作。

10.1 Spring 的下载

Spring 是一个轻量级的框架,它所耗费的系统资源开支比较少。在开始使用 Spring 之前,必须先获取 Spring 工具包,可以到 http://www.springsource.org/download/下载 Spring 的开发包。

10.2 Spring 开发环境的配置

安装 Spring 很简单,只需在工程的 CLASSPATH 下加入核心包 spring.jar,如果还要使用其他功能,再加入对应的 JAR 包即可,在 Spring 中内置了日志工具 log4j,需要编写 log4j.properties 属性文件,并把该文件放到工程的 src 目录下。下面是新建工程及通过向导的方式向该工程中增加 Spring 的框架支持。

(1) 建立 Java Project,输入 Project 名称"spring1"。

(2) 为工程加入 Spring 支持,这里采用向导的方式,右击工程,在弹出的快捷菜单中选择 MyEclipse→Add Spring Capabilities 菜单项,如图 10-1 所示,在打开的对话框中选择 Spring 核心库,如图 10-2 所示。

(3) 加入 Spring 配置文件 applicatonContext.xml 到工程根目录下,这个 XML 文件可以根据实际要求起其他名称,该配置文件的初始内容如下。

```
<?xml version = "1.0" encoding = "UTF - 8"?>
< beans
```

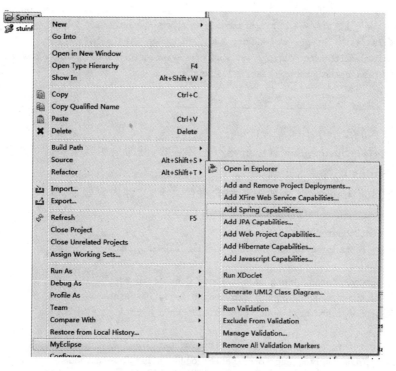

图 10-1　为工程加入 Spring 支持

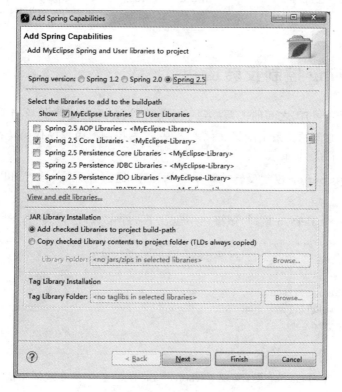

图 10-2　加入 Spring 核心库

```
            xmlns = "http://www.springframego.org/schema/beans"
            xmlns:xsi = "http://www.w3.org/2001/XMLSchema-instance"
            xsi:schemaLocation = "http://www.springframego.org/schema/beans http://www.springframego
     .org/schema/beans/spring-beans-2.5.xsd">
            </beans>
```

(4) 加入 Log4j 日志配置文件。

日志文件在 Spring 的配置中虽然不是必需的,但却是相当重要的。可以根据日志的输入判断 Spring 配置是否正确。

建议将 log4j.properties 放入工程的根目录下,文件内容如下。

```
log4j.rootLogger = DEBUG, stdout
# log4j.rootLogger = WARN, stdout, logfile,WARNING,ERROR

log4j.appender.stdout = org.apache.log4j.ConsoleAppender
log4j.appender.stdout.layout = org.apache.log4j.PatternLayout
log4j.appender.stdout.layout.ConversionPattern = %d %p[%c] - %m%n

log4j.category.com.ngworld = DEBUG ,springtest
log4j.appender.springtest = org.apache.log4j.RollingFileAppender
log4j.appender.springtest.File = springtest.log
log4j.appender.springtest.layout = org.apache.log4j.PatternLayout
log4j.appender.springtest.layout.ConversionPattern = %d %p[%c] - %m%n
```

10.3 Spring 控制反转应用

控制反转将类与类之间的关系放到了外部容器,即配置文件中,各个类都是相对独立存在的,类之间的调用关系由配置文件来实现,这种控制权由程序代码转移到外部容器的思想就是所谓的反转控制。

下面是一个 Spring 控制反转的简单示例程序,通过该程序,读者可以体验控制反转的本质。

(1) 新建一个 Person 接口,该接口中包含了一个 go 方法,代码如下所示。

```
package com.demo;

public interface Person {
    //Person 接口包含一个 go 方法
    public void go();
}
```

(2) 新建一个 Teacher 类,实现 Person 接口并实现 Person 接口中的 go 方法,代码如下所示。

```
package com.demo;

public class Teacher implements Person{
    //实现 Person 接口中的 go 方法
    public void go(){
            System.out.println("去教室讲课");
    }
}
```

（3）新建一个 Doctor 类，实现 Person 接口并实现 Person 接口中的 go 方法，代码如下所示。

```
package com.demo;

public class Doctor implements Person{
    //实现 Person 接口中的 go 方法
    public void go(){
            System.out.println("去医院坐诊");
    }
}
```

（4）在 Spring 的配置文件 applicatonContext.xml 中输入如下代码。

```xml
<?xml version="1.0" encoding="UTF-8"?>
<beans xmlns="http://www.springframework.org/schema/beans"
       xmlns:xsi="http://www.w3.org/2001/XMLSchema-instance"
       xsi:schemaLocation="http://www.springframework.org/schema/beans http://www.springframework.org/schema/beans/spring-beans-2.5.xsd">
        <!-- 创建 Teacher 实例 -->
        <bean id="teacher" class="com.demo.Teacher"></bean>
        <!-- 创建 Doctor 实例 -->
        <bean id="doctor" class="com.demo.Doctor"></bean>
</beans>
```

其中的<bean>是 Spring 中用来描述 JavaBean 的标签，这个标签的 id 属性指明了这个 JavaBean 的 id，其他的 JavaBean 可以通过这个 id 访问它，class 属性说明了这个 JavaBean 对应的具体包路径。

（5）新建一个包含 main 方法的主类 Test，在 applicatonContext.xml 文件中通过<bean>元素声明 Teacher 和 Doctor 的类名及其 id。在主程序中直接根据这个 id 取得 Spring 容器中的 Teacher 类和 Doctor 类实例，并调用实例中的 go 方法，代码如下所示。

```
package com.demo;

import org.springframework.context.ApplicationContext;
```

```
import org.springframework.context.support.ClassPathXmlApplicationContext;
public class Test {
    public static void main(String[] args) {
        //加载 XML 文件
        ApplicationContext factory = new ClassPathXmlApplicationContext("applicationContext.xml");
        //从 Spring 容器中获得 Teacher 实例
        Person teacher = (Person) factory.getBean("teacher");
        teacher.go();
        //从 Spring 容器中获得 Doctor 实例
        Person student = (Person) factory.getBean("doctor");
        student.go();
    }
}
```

（6）运行主类 Test，在控制台中打印输出"去教室讲课"和"去医院坐诊"语句。

在 Spring 中可以使用 BeanFactory 和 ApplicationContext 的方式管理 bean。由于 ApplicationContext 提供了国际化、资源访问等多种功能，所以比 BeanFactory 常用。

10.4　Spring 依赖注入应用

在任何 Java 应用系统中要实现具体的业务逻辑，需要很多 Java 类来协同工作，在 IoC 中，对象之间的依赖关系在统一的配置文件中进行描述，不会在程序中用代码直接调用其他类的对象。在程序运行期间，IoC 容器负责把对象之间的依赖关系注入，使各个对象之间协同工作，实现具体功能。下面是 Spring 依赖注入的示例。

（1）新建一个名为 School 的类，这是一个普通的 JavaBean，在这个 JavaBean 中提供了 id 和 name 两个属性的赋值和取值方法，具体代码如下所示。

```
package com.demo;

public class School {
    private long id;
    private String name;

    public long getId() {
        return id;
    }

    public void setId(long id) {
        this.id = id;
    }

    public String getName() {
        return name;
    }
```

```
    }

    public void setName(String name) {
        this.name = name;
    }
}
```

（2）新建一个名为 Student 的类，在这个 JavaBean 中定义了不同类型的属性，id 属性是 long 类型，name 属性是 String 类型，courses 属性是 List 集合类型，school 属性的类型是一个 Java 类，并且写出这 4 个属性的赋值和取值方法，具体代码如下所示。

```
package com.demo;

import java.util.List;

public class Student {
    private long id;
    private String name;
    private List courses;
    private School school;

    public long getId() {
        return id;
    }

    public void setId(long id) {
        this.id = id;
    }

    public String getName() {
        return name;
    }

    public void setName(String name) {
        this.name = name;
    }

    public School getSchool() {
        return school;
    }

    public void setSchool(School school) {
        this.school = school;
    }

    public List getCourses() {
```

```java
        return courses;
    }

    public void setCourses(List courses) {
        this.courses = courses;
    }

    public void printInfo() {
        System.out.println("下面是 Student 的详细信息：");
        System.out.println("ID:" + this.id);
        System.out.println("Name:" + this.name);
        System.out.println("School:" + this.school.getName());
        System.out.print("Courses:");
        for (int i = 0; i < this.courses.size(); i++) {
            System.out.print(courses.get(i) + " ");
        }
    }
}
```

(3) 在配置文件 applicatonContext.xml 中加入如下代码。

```xml
<bean id="school" class="com.demo.School">
    <property name="id">
        <value>100018</value>
    </property>
    <property name="name">
        <value>BITC</value>
    </property>
</bean>
<bean id="student" class="com.demo.Student">
    <property name="id">
        <value>092211102</value>
    </property>
    <property name="name">
        <value>王芳</value>
    </property>
    <property name="school">
        <ref bean="school"/>
    </property>
    <property name="courses">
        <list>
            <value>英语</value>
            <value>电子商务概论</value>
            <value>体育</value>
            <value>办公自动化</value>
        </list>
    </property>
</bean>
```

在上述代码中，对于 School 这个 JavaBean，采用了赋值注入依赖的方法给 id 和 name 属性注入值。＜property＞标签的 name 属性表示要注入的属性名称，＜value＞标签说明要注入的属性值。

上述配置文件代码也对 student 的属性进行了赋值，其中 school 属性的类型是 School 这个 Java 类，所以在＜property＞标签中使用＜ref＞标签来引用 id 为 school 的 JavaBean，从而实现对象依赖关系的注入。courses 属性是 List 类型，是一种集合类型，所以在＜property＞标签中使用＜list＞标签。

（4）新建一个包含 main 方法的主类 StudentMain，在主程序中直接取得 Spring 容器中的 Student 类实例，并调用实例中的 printInfo 方法，代码如下所示。

```
package com.demo;

import org.springframework.context.ApplicationContext;
import org.springframework.context.support.ClassPathXmlApplicationContext;

public class StudentMain {
    public static void main(String[] args) {
        //加载 XML 文件
        ApplicationContext factory = new ClassPathXmlApplicationContext("applicationContext.xml");
        //取得提供具体业务逻辑的 Java Bean
        Student student = (Student)factory.getBean("student");
        //调用 JavaBean 中的具体方法
        student.printInfo();
    }
}
```

（5）运行主类 StudentMain，在控制台中打印输出如下内容。

```
下面是 Student 的详细信息：
ID:92211102
Name:王芳
School:BITC
Courses:英语    电子商务概论    体育    办公自动化
```

10.5　Spring 整合 Hibernate 的应用

Spring 在资源管理、DAO 实现支持以及实物策略等方面提供了与 Hibernate、JDO 和 iBATIS SQL 映射的集成。对于 Hibernate，Spring 使用了 IoC 的很多方便的特性提供了一流的支持，帮助程序员处理很多典型的 Hibernate 整合问题。所有的这些都遵守 Spring 通用的事务和 DAO 异常体系。本节将介绍在已有的 pring 框架中增加对 Hibernate

的支持，以完成持久化操作。

1. 创建数据表

在 MySQL 中建立一个新的数据库 test，再建立一个数据库表，名为 Person，包含 ID、Name、Sex、Address 共 4 个字段，代码如下。

```
use test;
create table person(
    id int(11) not null auto_increment,
    name varchar(20) not null ,
    sex char(1) default null,
    address varchar(200) default null,
    primary key (ID)
)
```

2. 加入 jar 文件

在工程 Spring1 中加入 Hibernate 的所有 lib 文件，包括 Hibernate 下的 hibernate3.jar 和 lib 目录下的.jar 文件，加入 Hibernate 文件的方法为直接在工程的 CLASSPATH 下复制 Hibernate 的包文件，也可以通过向导的方式为工程增加 Hibernate 的支持，具体操作如下。

（1）选择 Project→MyEclipse→Add Hibernate Capabilities 菜单项，打开如图 10-3 所示的对话框。

图 10-3　添加 Hibernate 支持

(2) 选择 Hibernate 3.1 Core Libraries 选项,单击 Next 按钮,创建 Hibernate 的 XML 文件,如图 10-4 所示。

图 10-4 创建 Hibernate 的 XML 文件

(3) 单击 Next 按钮,进入设置数据库连接信息的对话框,如图 10-5 所示。

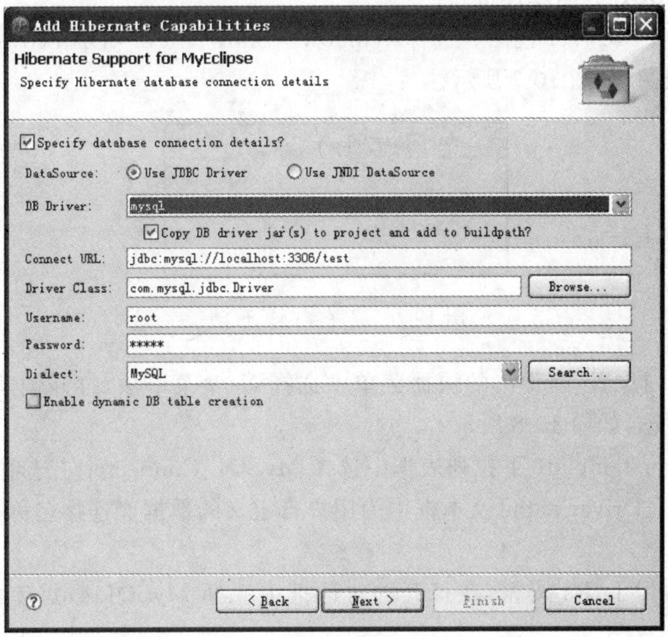

图 10-5 设置数据库连接信息

（4）单击 Next 按钮，进入定义 SessionFactory 属性的对话框，如图 10-6 所示。

图 10-6　定义 SessionFactory 属性

单击 Finish 按钮，完成 Hibernate 包的添加。

3. 新增 MySQL 数据库连接

（1）调出 DB Browser 视图。选择 Window→Show View→DB Brower 菜单项，切换到数据库浏览视图，如图 10-7 所示。

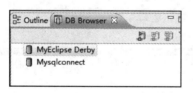

图 10-7　数据库浏览视图

（2）右击空白位置，在弹出的快捷菜单中选择 New 菜单项，打开创建新的数据库连接驱动程序对话框，如图 10-8 所示。

（3）在 Driver template 下拉列表框中选择 MySQL Connecter/J 选项，并输入相应的连接信息，其中的 Driver name 文本框中为用户自定义的数据库连接名称，这里为 mysql，如图 10-9 所示。

（4）单击 Add JARs 按钮，在打开的对话框中选择 MySQL 数据库的驱动程序，如图 10-10 所示。

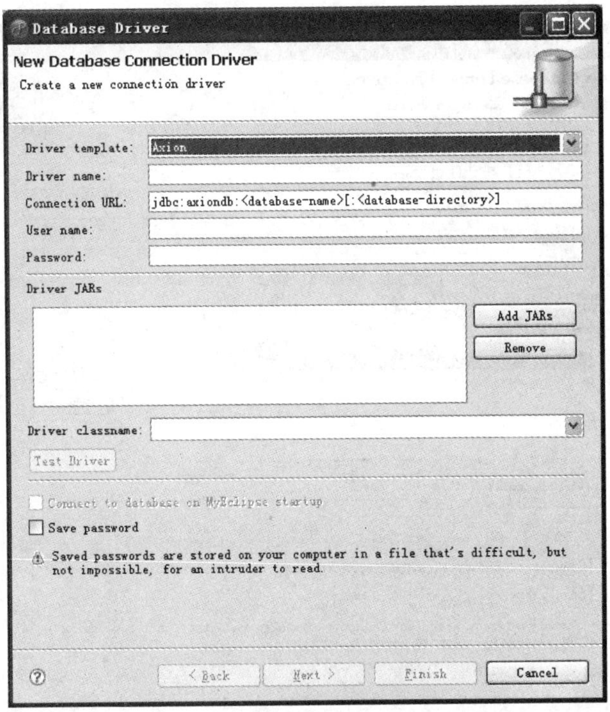

图 10-8　创建新的数据库连接驱动程序

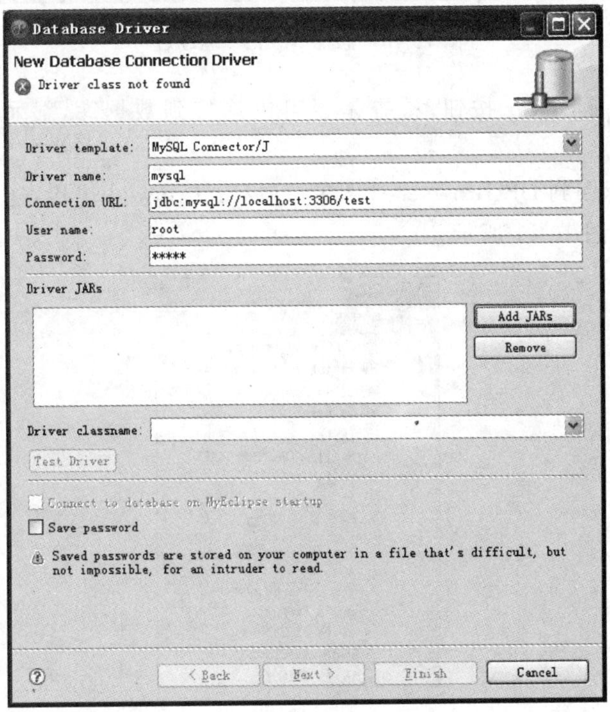

图 10-9　设置 MySQL 驱动程序

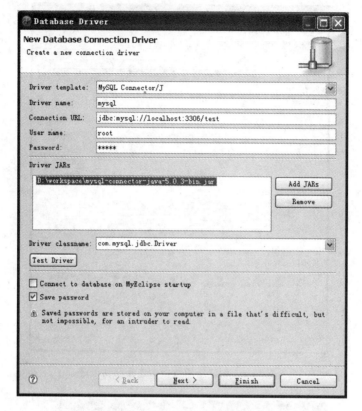

图 10-10 添加 MySQL 驱动程序

（5）单击 Test Driver 按钮，检查是否可以连接到数据库，显示成功后，可以单击 Finish 按钮。

（6）完成后返回到 DB Browser 视图中，可以双击 mysql 连接，连接后可以查看数据库中的数据表，如图 10-11 所示。

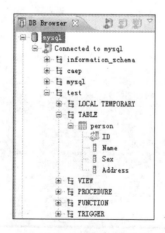

图 10-11 双击 mysql 连接

4. 在工程中加入数据库驱动程序和 c3p0 数据源的驱动

如果工程的 Build Path 中没有 JTA 和 MySQL 驱动程序的 Jar 包,需要在工程的 Build Path 设置对中加入。

5. 导出 Hibernate 映射文件和 POJO 类(可选步骤)

持久化类和映射文件可以由开发者自己编写完成,也可以通过向导的方式自动产生。通过向导可以迅速建立 POJO 类和映射文件。

(1) 在 DB Browser 视图中连接数据库,并打开 Table 节点。

(2) 右击需要生成映射文件和 POJO 类的 Person 表,在弹出的快捷菜单中选择 Hibernate Reverse Engineering 菜单项,打开 Hibernate 反向工程对话框,如图 10-12 所示。

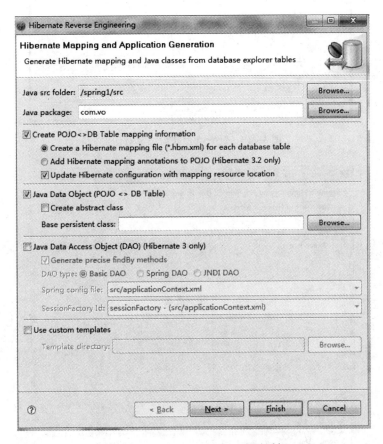

图 10-12 Hibernate 反向工程对话框

(3) 输入映射文件存放的包,并选择映射文件的相应选项,单击 Next 按钮,进入配置类型映射细节的对话框,如图 10-13 所示。

(4) 在图 10-13 中设置 ID Generator 为 increment,单击 Next 按钮进入配置反向工程细节对话框,如图 10-14 所示。如果需要详细设置,可以单击每个表进行单独设置。最后单击 Finish 按钮完成设置。

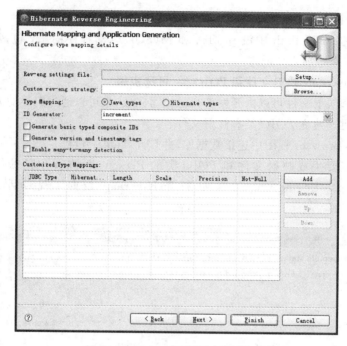

图 10-13　配置类型映射细节对话框

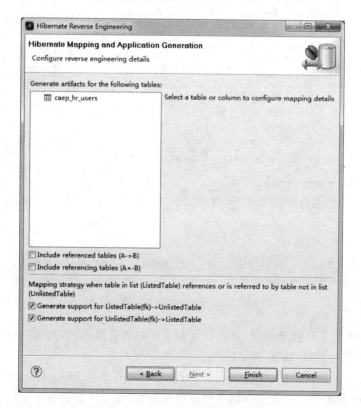

图 10-14　配置反向工程细节对话框

（5）MyEclipse 会自动在 src/com/vo 包中生成 Person.java 和 Person.hbm.xml 文件。产生的 Person.java 文件代码如下所示。

```java
package com.vo;

public class Person implements java.io.Serializable {

    private Integer id;
    private String name;
    private String sex;
    private String address;

    public Person() {
    }
    public Person(String name) {
        this.name = name;
    }
    public Person(String name, String sex, String address) {
        this.name = name;
        this.sex = sex;
        this.address = address;
    }
    public Integer getId() {
        return this.id;
    }
    public void setId(Integer id) {
        this.id = id;
    }
    public String getName() {
        return this.name;
    }
    public void setName(String name) {
        this.name = name;
    }
    public String getSex() {
        return this.sex;
    }
    public void setSex(String sex) {
        this.sex = sex;
    }
    public String getAddress() {
        return this.address;
    }
    public void setAddress(String address) {
        this.address = address;
    }
}
```

产生的 Person.hbm.xml 文件代码如下所示。

```xml
<?xml version="1.0" encoding="utf-8"?>
<!DOCTYPE hibernate-mapping PUBLIC "-//Hibernate/Hibernate Mapping DTD 3.0//EN"
"http://hibernate.sourceforge.net/hibernate-mapping-3.0.dtd">
<!--
Mapping file autogenerated by MyEclipse Persistence Tools
-->
<hibernate-mapping>
    <class name="com.vo.Person" table="person" catalog="test">
        <id name="id" type="java.lang.Integer">
            <column name="ID" />
            <generator class="increment"></generator>
        </id>
        <property name="name" type="java.lang.String">
            <column name="Name" length="20" not-null="true" />
        </property>
        <property name="sex" type="java.lang.String">
            <column name="Sex" length="1" />
        </property>
        <property name="address" type="java.lang.String">
            <column name="Address" length="200" />
        </property>
    </class>
</hibernate-mapping>
```

6. 编写 PersonDao.java 类

PersonDao.java 类继承自 HibernateDaoSupport 类，主要用于对数据表进行操作，在该类中定义一个查询数据表中所有记录的 findAll()方法和向数据表中插入记录的 insert()方法，PersonDao.java 文件的代码如下所示。

```java
package com.dao;
import java.util.List;
import org.springframework.orm.hibernate3.support.HibernateDaoSupport;
import com.vo.Person;
public class PersonDao extends HibernateDaoSupport {
    /**
     * @function 查询数据表中的所有记录
     * @return List 集合
     */
    public List<Person> findAll() {
        List<Person> list = getHibernateTemplate().find("FROM Person");
        return list;
    }
    /**
     * @function 向数据库中插入一条记录
```

```
     * @param employee 要插入的记录
     */
    public void insert(Person person) {
        getHibernateTemplate().save(person);
    }
}
```

7. 在 Spring 中增加数据源配置

在 applicationContext.xml 文件中配置 dataSourse、sessionFactory，并将 sessionFactory 注入 PersonDao 类中。

(1) 在 applicationContext.xml 中添加 c3p0 数据源的 bean，根据数据库的实际情况修改参数值，代码如下所示。

```
<bean id="dataSource" class="com.mchange.v2.c3p0.ComboPooledDataSource" destroy-method="close">
<property name="driverClass" value="com.mysql.jdbc.Driver"/>
<property name="jdbcUrl" value="jdbc:mysql://localhost:3306/human"/>
<property name="user" value="root"/>
<property name="password" value="root"/>
</bean>
```

(2) 在 applicationContext.xml 中配置 SessionFactory，代码如下所示。

```
<bean id="sessionFactory" class="org.springframework.orm.hibernate3.LocalSessionFactoryBean">
    <property name="dataSource">
        <ref bean="dataSource"/>
    </property>
    <property name="hibernateProperties">
        <props>
            <prop key="hibernate.dialect">org.hibernate.dialect.MySQLDialect</prop>
            <prop key="show_sql">true</prop>
            <prop key="schema">testcard</prop>
        </props>
    </property>
    <property name="mappingResources">
        <list>
            <value>com/vo/Person.hbm.xml</value>
        </list>
    </property>
</bean>
```

在以上代码中在 mappingResources 节点内可以按照实际需要增减 Hibernate 映射文件的配置，没有配置在 mappingResources 中的文件，不会被 Hibernate 加载。

(3) 在 applicationContext.xml 中配置持久化类,代码如下所示。

```xml
<!-- 配置持久化类 -->
<bean id="personDao" class="com.dao.PersonDao">
    <property name="sessionFactory">
        <!-- 注入 sessionFactory 的引用 -->
        <ref local="sessionFactory"/>
    </property>
</bean>
```

8. 编写测试代码

编写 Test.java 文件来加载配置文件,并进行测试,代码如下所示。

```java
package com.test;

import java.util.List;

import org.springframework.context.ApplicationContext;
import org.springframework.context.support.ClassPathXmlApplicationContext;

import com.vo.Person;
import com.dao.PersonDao;
public class Test {
    public static void main(String[] args) {
        Person p = new Person();
        p.setName("tom");
        p.setSex("m");
        p.setAddress("bitc");

        ApplicationContext ctx = new ClassPathXmlApplicationContext("applicationContext.xml");
        PersonDao pDao = (PersonDao) ctx.getBean("personDao");

        pDao.insert(p);//插入数据

        //查询数据表中的数据
        List<Person> list = pDao.findAll();
        for (int i = 0; i < list.size(); i++) {
            Person person = list.get(i);
            //输入查询到的信息
            System.out.println("编号:" + person.getId() + " 姓名:" + person.getName()
                + " 性别:" + person.getSex() + " 地址:" + person.getAddress());
        }
    }
}
```

9. 运行测试程序

右击 Test.java 文件,在弹出的快捷菜单中选择 Run As→Java Application 菜单项,

即可运行程序。程序的运行结果是在数据库中插入了数据,并将插入的数据在控制台中打印输出。

小结

在任何 Java 应用系统中,要实现具体的业务逻辑,都需要很多 Java 类来协同工作,Spring 的控制反转将类之间的调用关系放到配置文件中来实现。在程序运行期间,配置文件负责把对象之间的依赖关系注入,使各个对象之间协同工作,实现具体功能。本章将 Spring 的这些核心思想以实例的方式进行了说明。

在应用软件的开发中,持久化一般是指将数据保存到关系型数据库中。Spring 提供了对 Hibernate 的支持,其实是通过 IoC 让 Spring 容器来管理 Hibernate 的。本章通过一个实例介绍了如何通过 Spring 和 Hibernate 的整合完成持久化操作的。

习题

操作题

1. 将学生信息封装为一个 JavaBean,在 Spring 的配置文件中为其注入属性,然后使用 Java 程序调用该 JavaBean,并在控制台中输入该 JavaBean 的各个属性值。

2. 使用 Spring 和 Hibernate 框架完成用户登录验证功能。

第 11 章

使用Struts 2+Hibernate+Spring框架开发人事管理系统——部门管理模块

Struts 框架是对 MVC 设计模式的 Java 服务器端的实现，能将显示层从业务逻辑层和持久数据层中分离出来。Spring 框架是一个提供控制反转的容器；Hibernate 是一个面向 Java 环境的 ORM（对象/关系映射）工具，在数据库开发中，使程序员能够以对象（而不是表和列）的方式来处理关系模型数据，并且提供数据查询和数据处理方法。目前，这 3 种框架在 Web 开发中被广泛应用，本章将整合这 3 种框架，开发人事管理系统中的部门管理模块。通过本章的学习，可以达到以下目标：

➢ 能够正确配置 Spring＋Struts 2＋Hibernate 开发环境；
➢ 能够在 Spring＋Struts 2＋Hibernate 集成开发环境下进行项目开发。

11.1 数据库设计

本应用中的部门管理模块是某规划研究院人事管理系统中的一部分。部门管理模块的主要功能包括部门信息添加、修改、删除和列表显示。

部门表（caep_hr_department）的表结构如表 11-1 所示。

表 11-1 部门表

表名		caep_hr_department		
列名		数据类型（精度范围）	空/非空	约束条件
id	编号	int	N	P
name	部门名称	varchar(20)	Y	
num	部门编号	varchar(10)	Y	
description	部门说明	varchar(200)	Y	
del_status	删除状态	int	Y	
补充说明				

创建部门表（caep_hr_department）的代码如下所示。

```
create table caep_hr_department (
id int not null,
name varchar(20),
num varchar(10),
description varchar(200),
del_status int,
primary key (id)
);
```

11.2 功能分析

11.2.1 模块功能

部门管理模块的用例图如图 11-1 所示。

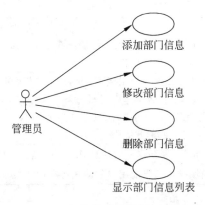

图 11-1 部门管理模块的用例图

11.2.2 功能描述

部门管理模块各个功能的具体描述如下。

1. 部门信息添加

部门信息添加功能描述如表 11-2 所示。

表 11-2 部门信息添加功能描述

名称、标识符	部门信息添加
功能描述	管理员可以给系统添加一个部门。填写相关信息，单击"保存"按钮，完成添加操作
参与用户	获得该权限的用户
输入	(1) 进入部门列表页面，单击"添加"按钮 (2) 在添加部门页面中，输入项包括：部门名称、备注 所有输入项用键盘或鼠标输入

续表

操作序列	(1) 进入部门列表页面,单击"添加新部门"链接 (2) "保存"按钮:在数据库中插入一条记录 (3) "重置"按钮:恢复到原始数据 (4) "取消"按钮:取消此操作
输出	部门信息保存成功后,返回部门列表页面,并显示添加的部门信息
补充说明	无

2. 部门信息修改

部门信息修改功能描述如表 11-3 所示。

表 11-3 部门信息修改功能描述

名称、标识符	部门信息修改
功能描述	管理员可以对系统中已经存在的部门信息进行修改操作,修改完相关信息,单击"保存"按钮,完成修改操作
参与用户	被分配有该权限的用户
输入	(1) 在部门列表页面,单击要修改信息的部门后面的"修改"链接 (2) 进入修改部门页面,输入项包括:部门名称、部门编号、部门描述 所有输入项用键盘或鼠标输入
操作序列	(1) 进入部门列表页面,右击部门,选择"编辑"菜单 (2) "保存"按钮:在数据库中更新一条记录 (3) "重置"按钮:恢复到原始数据 (4) "取消"按钮:取消此操作
输出	单击"保存"按钮,保存输入的信息,返回部门列表页面
补充说明	只有具有模块操作权限的用户才能执行本功能操作

3. 部门信息删除

部门信息删除功能描述如表 11-4 所示。

表 11-4 部门信息删除功能描述

名称、标识符	部门信息删除
功能描述	管理员可以对系统中已经存在的部门信息进行删除,单击要删除的部门"删除"链接完成删除操作
参与用户后面的	获得该权限的用户
输入	选中要删除的部门,单击"删除"链接
操作序列	进入部门列表页面,单击"删除"链接
输出	更新数据库,刷新部门列表
补充说明	只有具有该模块操作权限的用户才能进行删除操作。必须选中部门

4. 部门信息列表显示

部门信息列表显示功能描述如表 11-5 所示。

表 11-5　部门信息列表显示功能描述

名称、标识符	部门信息列表显示
功能描述	对于已经录入的部门信息可以进行一般查询和条件查询，并且是部门添加、修改和删除的入口
参与用户	获得该权限的用户
输入	已录入的部门信息
操作序列	无
输出	返回部门基本信息列表
补充说明	

11.2.3　操作序列

（1）部门信息添加操作的序列图如 11-2 所示。

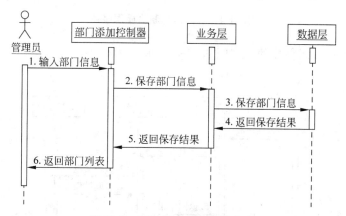

图 11-2　部门信息添加操作序列

（2）部门信息修改操作的序列图如 11-3 所示。

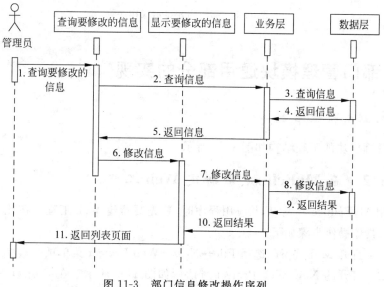

图 11-3　部门信息修改操作序列

(3) 部门信息删除操作的序列图如 11-4 所示。

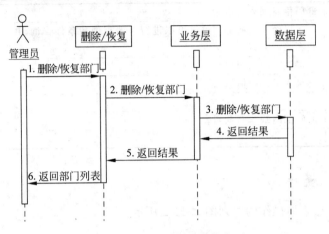

图 11-4 部门信息删除操作序列

(4) 部门列表显示操作的序列图如 11-5 所示。

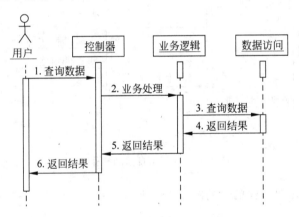

图 11-5 部门列表显示操作序列

11.3 部门管理模块通用部分的实现

11.3.1 工程结构

部门管理模块的工程结构如图 11-6 所示。

11.3.2 在 MyEclipse 中新建 Web 工程

在使用 MyEclipse 开发 Web 应用程序时，首先要新建 Web 工程。在此，新建一个工程 bitchr。具体操作步骤如下：

步骤一：打开 MyEclipse，选择 File→New→Web Project 菜单项。

步骤二：打开的 New Web Project 对话框如图 11-7 所示。在 Project Name 文本框

中输入工程名称"bitchr",在 J2EE Specification Level 选项组中选择最新版的 Java EE 5.0。操作完成后,单击 Finish 按钮,完成 Java EE 工程的创建。

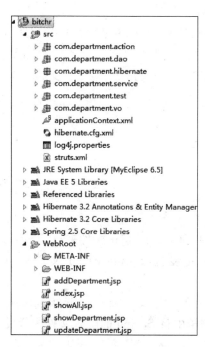

图 11-6　部门管理模块的工程结构

图 11-7　New Web Project 对话框

11.3.3　集成 Struts 2、Spring 和 Hibernate 框架

在进行框架整合的过程中,建议先整合 Hibernate 和 Spring,然后再将 Struts 2 整合到现有框架中,具体操作步骤如下。

步骤一:添加 Hibernate、Struts 2 和 Spring 的依赖库。

依赖库描述如下。

1. Struts 2 所需 jar 包

（1）Struts2-core-2.1.8.jar：Struts 2 框架核心类库。

（2）Xwork-core-2.x.x.jar：Xwork 类库,Struts 在其上构建。

（3）Ognl-2.6.x.jar：对象图导航语言,Sturts 2 框架通过其读写对象的属性。

（4）Freemarker-2.3.x.jar：Struts 2 的 UI 标签模板使用 Freemarker 编写。

（5）Commons-fileupload-1.2.x.jar：文件上传组件,在 2.1.6 版以后需要加入此文件。

（6）Struts2-Spring-plugin-2.x.x.jar：用于 Struts 2 集成 Spring 的插件。

（7）commons-io-1.3.2.jar：apache 通用组件。

2. Hibernate 3.3 所需包

（1）核心包：hibernate3.jar、lib\bytecode\cglib\Hibernate-cglib-repack-2.1_3.jar、lib\required*.jar。

Hibernate 核心安装包的下载路径：http://www.Hibernate.org/，单击 Hibernate Core 右边的 Downloads 按钮即可下载。

（2）注解安装包：hibernate-annotations.jar、lib\ejb3-persistence.jar、Hibernate-commons-annotations.jar。

（3）Hibernate 包——针对 JPA 的实现包：hibernate-entitymanager.jar，lib\test\log4j.jar、slf4j-log4j12.jar。

3. Spring 所需包

（1）dist\Spring.jar。

（2）lib\c3p0\c3p0-0.9.12.jar。

（3）lib\aspectj\aspectjweaver.jar、aspectjrt.jar。

（4）lib\cglib\cglib-nodep-2.1_3.jar。

（5）lib\j2ee\common-annotations.jar。

（6）lib\log4j\log4j-1.2.15.jar。

（7）lib\jakarta-commons\commons-logging.jar。

将以上所列出的文件复制到/WEB-INF/lib/下，其中 Struts 2 的 jar 文件来自 Struts 2 的安装包，Hibernate 的 jar 文件来自 Hibernate 3.3 安装包，Spring 的 jar 文件来自 Spring 安装包。

步骤二：创建 Spring 配置文件，本工程中将 Spring 的配置文件 applicationContext.xml 放在 WEB-INF 文件夹中，可以从 Spring 附带的例子中将 Spring 的配置文件模板复制过来，内容如下所示。

```xml
<?xml version = "1.0" encoding = "UTF-8"?>
<beans xmlns = "http://www.Springframework.org/schema/beans"
    xmlns:xsi = "http://www.w3.org/2001/XMLSchema-instance"
    xsi:schemaLocation = " http://www.Springframework.org/schema/beans http://www.Springframework.org/schema/beans/Spring-beans-2.5.xsd">
</beans>
```

步骤三：在 web.xml 中对 Spring 容器进行实例化，并添加 Struts 2 的支持，web.xml 文件的代码如下所示。

```xml
<?xml version = "1.0" encoding = "UTF-8"?>
<web-app version = "2.5" xmlns = "http://java.sun.com/xml/ns/javaee"
    xmlns:xsi = "http://www.w3.org/2001/XMLSchema-instance"
    xsi:schemaLocation = "http://java.sun.com/xml/ns/javaee
    http://java.sun.com/xml/ns/javaee/web-app_2_5.xsd">

    <!-- 对 Spring 容器进行实例化 -->
    <listener>
        <listener-class>
            org.springframework.web.context.ContextLoaderListener
```

```xml
            </listener-class>
        </listener>
        <!-- 配置Struts 2框架的核心Filter -->
        <filter>
            <filter-name>struts2</filter-name>
            <filter-class>
                    org.apache.struts2.dispatcher.FilterDispatcher
            </filter-class>
        </filter>
        <!-- FilterDispatcher用来初始化Struts2并处理所有的Web请求 -->
        <filter-mapping>
            <filter-name>struts2</filter-name>
            <url-pattern>/*</url-pattern>
        </filter-mapping>
</web-app>
```

11.3.4 Hibernate持久层设计

持久层设计的内容包括两方面，一是持久化的VO类；二是映射文件。VO类中的属性和数据库表中的字段对应，映射文件用于将它们关联起来。

步骤一：创建持久化VO类。

根据表11-1所示的部门表结构，创建的持久化类中包含5个属性，并为每个属性添加相应的setter和getter方法，新建的caep_hr_department.java文件代码如下所示。

```java
package com.department.vo;

public class CaepHrDepartment implements java.io.Serializable {
    //部门id
    private Integer id;
    //部门名称
    private String name;
    //部门说明
    private String description;
    //删除状态
    private Integer delStatus;
    //部门编号
    private String num;

    //各属性的setter和getter方法
    public Integer getId() {
            return this.id;
    }
    public void setId(Integer id) {
            this.id = id;
    }
```

```java
        public String getName() {
                return this.name;
        }
        public void setName(String name) {
                this.name = name;
        }
        public String getDescription() {
                return this.description;
        }
        public void setDescription(String description) {
                this.description = description;
        }
        public Integer getDelStatus() {
                return this.delStatus;
        }
        public void setDelStatus(Integer delStatus) {
                this.delStatus = delStatus;
        }
        public String getNum() {
                return this.num;
        }
        public void setNum(String num) {
                this.num = num;
        }
}
```

步骤二：创建映射文件。

映射文件是对持久化类和数据库表中字段的关联。因为数据库表中的 id 为主键，在映射文件中设置主键的生成方式为自动递增，映射文件 CaepHrDepartment.hbm.xml 的代码如下所示。

```xml
<?xml version="1.0" encoding="utf-8"?>
<!DOCTYPE hibernate-mapping PUBLIC "-//Hibernate/Hibernate Mapping DTD 3.0//EN"
"http://hibernate.sourceforge.net/hibernate-mapping-3.0.dtd">

<hibernate-mapping>
  <!-- 每一个 class 对应一个持久化对象 -->
  <class name="com.department.vo.CaepHrDepartment" table="caep_hr_department" catalog="test">
    <!-- 定义主键元素,并定义主键自动递增 -->
    <id name="id" type="java.lang.Integer">
      <column name="id" />
      <generator class="increment"></generator>
    </id>
    <!-- 定义 name 属性 -->
    <property name="name" type="java.lang.String">
```

```xml
            <column name = "name" length = "200" />
        </property>
        <!-- 定义 description 属性 -->
        <property name = "description" type = "java.lang.String">
            <column name = "description" length = "200" />
        </property>
        <!-- 定义 delStatus 属性 -->
        <property name = "delStatus" type = "java.lang.Integer">
            <column name = "del_status" />
        </property>
        <!-- 定义 num 属性 -->
        <property name = "num" type = "java.lang.String">
            <column name = "num" length = "100" />
        </property>
    </class>
</hibernate-mapping>
```

11.3.5 DAO 层设计

DAO(Data Access Object,数据存取对象)层主要是对数据库进行一些操作。在部门管理应用中,在该层首先创建 DepartmentDao 接口,然后编写一个类实现该接口,最后在 Spring 配置文件中对相应组件进行管理。

步骤一:创建 DepartmentDao 接口。

在 DepartmentDao 接口中定义了 5 个方法,具体代码如下所示。

```java
package com.department.dao;
import java.util.List;
import com.department.vo.CaepHrDepartment;
public interface DepartmentDao {
    //添加部门
    public void save(CaepHrDepartment department);
    //删除部门
    public void delete(int id);
    //更新部门
    public void update(CaepHrDepartment department);
    //查询所有部门
    public List queryAll();
    //按 id 查询部门
    public CaepHrDepartment queryByID(int id);
}
```

步骤二:创建 DepartmentDao 接口的实现类。

在 DepartmentDaoImpl.java 类中实现了 DepartmentDao 接口中的 5 个方法,具体代码如下所示。

```java
package com.department.dao;
import java.util.List;
import org.springframework.orm.hibernate3.support.HibernateDaoSupport;
import com.department.vo.CaepHrDepartment;

public class DepartmentDaoImpl extends HibernateDaoSupport implements DepartmentDao {
    // 添加用户
    public void save(CaepHrDepartment caepHrDepartment) {
        this.getHibernateTemplate().save(caepHrDepartment);
    }
    // 删除用户
    public void delete(int id) {
        this.getHibernateTemplate().delete(
            this.getHibernateTemplate().get(CaepHrDepartment.class, id));
    }
    // 更新用户
    public void update(CaepHrDepartment caepHrDepartment) {
        this.getHibernateTemplate().saveOrUpdate(caepHrDepartment);
    }
    // 查询所有用户
    public List queryAll() {
        return this.getHibernateTemplate().find("from CaepHrDepartment");
    }
    // 按 id 查询用户
    public CaepHrDepartment queryByID(int id) {
        return (CaepHrDepartment) this.getHibernateTemplate().get(
                CaepHrDepartment.class, id);
    }
}
```

步骤三：Spring 配置文件的管理。

(1) 在 SSH 的整合开发中，由 Spring 来定义数据源，在 Spring 配置文件 applicationContext.xml 中定义数据源的代码如下所示。

```xml
<!-- 定义数据源的 bean -->
<bean id="dataSource"
    class="com.mchange.v2.c3p0.ComboPooledDataSource"
    destroy-method="close">
    <!-- 指定数据库驱动 -->
    <property name="driverClass" value="com.mysql.jdbc.Driver" />
    <!-- 指定连接数据库的 URL -->
    <property name="jdbcUrl"
        value="jdbc:mysql://localhost:3306/test" />
    <!-- root 为数据库的用户名 -->
    <property name="user" value="root" />
```

```xml
<!-- root 为数据库的密码 -->
<property name="password" value="root" />
</bean>
```

（2）Hibernate 框架中的 SessionFactory 也交由 Spring 来配置和管理，SessionFactory 可以为其他 DAO 组件的持久化访问提供支持，在 applicationContext.xml 中配置和管理 SessionFactory 的代码如下所示。

```xml
<!-- 定义 SessionFactory 的 bean -->
<bean id="sessionFactory"
    class="org.springframework.orm.hibernate3.LocalSessionFactoryBean">
    <!-- 指定数据源 -->
    <property name="dataSource">
        <ref bean="dataSource" />
    </property>
    <!-- 指定 Hibernate 的连接方言 -->
    <property name="hibernateProperties">
        <props>
            <prop key="hibernate.dialect">
                org.hibernate.dialect.MySQLDialect
            </prop>
            <prop key="show_sql">true</prop>
            <prop key="schema">test</prop>
        </props>
    </property>
    <!-- 指定映射文件 -->
    <property name="mappingResources">
        <list>
            <value>
                com/department/vo/CaepHrDepartment.hbm.xml
            </value>
        </list>
    </property>
</bean>
```

（3）HibernateTemplate 模板类可将 Hibernate 的持久层访问模板化，创建 HibernateTemplate 实例后，注入一个 SessionFactory 的引用，即可执行持久化操作。

在 applicationContext.xml 中定义 HibernateTemplate 模板类，并为其注入 SessionFactory 实例，具体代码如下所示。

```xml
<!-- 定义 hibernateTemplate 的 bean -->
<bean id="hibernateTemplate"
    class="org.springframework.orm.hibernate3.HibernateTemplate">
    <property name="sessionFactory">
```

```
            < ref bean = "sessionFactory" />
        </property>
</bean>
```

（4）在 applicationContext.xml 中配置 DAO 组件，在该组件中采用依赖注入传入 hibernateTemplate 的引用，具体代码如下所示。

```
<!-- 配置 DAO 组件 -->
< bean id = "departmentDao"
        class = "com.department.dao.DepartmentDaoImpl">
    < property name = "hibernateTemplate">
        < ref bean = "hibernateTemplate" />
    </property>
</bean>
```

11.3.6　Service 层设计

Service 即服务层，主要是面向实际的功能的。在该层将分别完成 Service 接口和 Service 接口的实现类，并在 Spring 的配置文件中对 Service 组件进行配置。

步骤一：创建 Service 接口。

创建 Service 接口 DepartmentrService，在该接口中定义 5 个方法，具体代码如下所示。

```
package com.department.service;
import java.util.List;
import com.department.vo.CaepHrDepartment;
public interface DepartmentrService {
    //添加部门
    public boolean addDepartment(CaepHrDepartment caepHrDepartment);
    //删除部门
    public boolean deleteDepartment(int id);
    //更新部门
    public boolean updateDepartment(CaepHrDepartment caepHrDepartment);
    //查询所有部门
    public List queryAllDepartment();
    //按 id 查询部门
    public CaepHrDepartment queryDepartmentByID(int id);
}
```

步骤二：创建 Service 接口的实现类。

DepartmentServiceImpl.java 文件通过调用 DAO 组件从而实现了在 DepartmentrService 接口中定义的 5 个方法，具体代码如下所示。

```java
package com.department.service;
import java.util.List;
import com.department.dao.DepartmentDao;
import com.department.vo.CaepHrDepartment;
public class DepartmentServiceImpl implements DepartmentrService {
    //DAO 组件引用
    private DepartmentDao departmentDao;
    //设置 DAO 组件
    public DepartmentDao getDepartmentDao() {
        return departmentDao;
    }
    public void setDepartmentDao(DepartmentDao departmentDao) {
        this.departmentDao = departmentDao;
    }
    // 添加部门
    public boolean addDepartment(CaepHrDepartment caepHrDepartment) {
        //判断是否存在相同 id 的部门
        if (departmentDao.queryByID(caepHrDepartment.getId()) = = null) {
            //如果不存在,则调用 DAO 组件进行保存
            departmentDao.save(caepHrDepartment);
        } else {
            return false;
        }
        return true;
    }
    // 删除部门
    public boolean deleteDepartment(int id) {
        //判断是否存在相同 id 的部门
        if (departmentDao.queryByID(id) ! = null) {
            //如果存在,则调用 DAO 组件进行删除
            departmentDao.delete(id);
        } else {
            return false;
        }
        return true;
    }
    //更新部门
    public boolean updateDepartment(CaepHrDepartment caepHrDepartment) {
        //判断是否存在相同 id 的部门
        if (departmentDao.queryByID(caepHrDepartment.getId()) ! = null) {
            //如果存在,则调用 DAO 组件进行更新
            departmentDao.update(caepHrDepartment);
        } else {
            return false;
        }
        return true;
    }
    // 查询所有部门
```

```
        public List queryAllDepartment() {
            //调用 DAO 组件进行查询
            return departmentDao.queryAll();
        }
        // 按 id 查询部门
        public CaepHrDepartment queryDepartmentByID(int id) {
            //调用 DAO 组件进行查询
            return departmentDao.queryByID(id);
        }
    }
```

步骤三：在 applicationContext.xml 中配置 Service 组件，并为其注入 DAO 组件。在 applicationContext.xml 中增加如下代码。

```
<!-- 配置业务逻辑组件 -->
< bean id = "departmentService"
    class = "com.department.service.DepartmentServiceImpl">
    <!-- 为业务逻辑组件注入 DAO 组件 -->
    < property name = "departmentDao" ref = "departmentDao"></property>
</bean>
```

11.4 查看所有部门信息模块的实现

11.4.1 创建查看所有部门信息的控制器

新建业务控制器 ShowAllAction.java，这个控制器通过调用 Service 组件获取所有部门的信息，将获取到的信息存储在 request 范围中，并且负责指定相应的跳转页面。ShowAllAction.java 的代码如下所示。

```java
package com.department.action;
import java.util.List;
import org.apache.struts2.ServletActionContext;
import com.department.service.DepartmentrService;
import com.opensymphony.xwork2.ActionSupport;
public class ShowAllAction extends ActionSupport {
    //实例化 Service 组件
    private DepartmentrService departmentService;
    //设置 Service 组件
    public DepartmentrService getDepartmentService() {
        return departmentService;
    }
    public void setDepartmentService(DepartmentrService departmentService) {
        this.departmentService = departmentService;
```

```java
    }
    //处理用户请求的 execute 方法
    public String execute() throws Exception {
        //通过调用 Service 组件获得所有部门的列表
        List allDepartment = departmentService.queryAllDepartment();
        //将所有部门列表存储在 request 范围中
        ServletActionContext.getRequest().setAttribute("allDepartment",
        allDepartment);
        //返回 SUCCESS 字符串
        return SUCCESS;
    }
}
```

11.4.2 创建显示所有部门信息的页面

新建 showAll.jsp 页面,在该页面中通过 iterator 标签遍历列表中的所有部门信息,并将这些信息显示出来,showAll.jsp 文件代码如下所示。

```jsp
<%@page contentType="text/html;charset=gb2312"%>
<%@taglib prefix="s" uri="/struts-tags"%>
<html>
<head>
    <title>部门列表</title>
</head>
<body>
<center>
    <h2>部门列表</h2>
    <table border="1">
        <tr>
            <td>部门 ID</td>
            <td>部门名称</td>
            <td>部门编号</td>
            <td>部门说明</td>
        </tr>
        <s:iterator value="#request.allDepartment" id="department">
        <tr>
            <td><a href="showDepartment.action?id=<s:property value=
            '#department.id'/>"><s:property value="#department.id"/></a></td>
            <td><s:property value="#department.name"/></td>
            <td><s:property value="#department.num"/></td>
            <td><s:property value="#department.description"/></td>
            <td><a href="deleteDepartment.action?id=<s:property value=
            '#department.id'/>">删除</a></td>
```

```
                    <td><a href="updateDepartment.jsp?id=<s:property value=
                    '#department.id'/>">更新</a></td>
                </tr>
            </s:iterator>
        </table>
        <a href="addDepartment.jsp">添加新部门</a>
    </center>
    </body>
</html>
```

11.4.3 查看所有部门信息控制器的配置

步骤一：在 Spring 配置文件中配置业务控制器 ShowAllAction，并为其注入 Service 组件，在 applicationContext.xml 文件中增加的代码如下所示。

```
<!-- 创建业务控制器 ShowAllActon 的 bean -->
<bean id="showAllAction" class="com.department.action.ShowAllAction"
    scope="prototype">
    <property name="departmentService" ref="departmentService">
    </property>
</bean>
```

步骤二：在 struts.xml 文件中配置业务控制器 ShowAllAction，来说明处理结果与视图资源之间的关系，struts.xml 文件代码如下所示。

```
<?xml version="1.0" encoding="UTF-8"?>
<!DOCTYPE struts PUBLIC
    "-//Apache Software Foundation//DTD Struts Configuration 2.0//EN"
    "http://struts.apache.org/dtds/struts-2.0.dtd">
<struts>
    <package name="department" extends="struts-default">
        <action name="showAll" class="showAllAction">
            <!-- 定义处理结果与视图资源之间的关系 -->
            <result name="success">/showAll.jsp</result>
        </action>
    </package>
</struts>
```

11.4.4 显示所有部门信息运行结果

在浏览器的地址栏中输入 http://localhost:8080/工程名/showAll.action，打开 showAll.jsp 页面，显示出所有部门的信息，如图 11-8 所示。

部门列表

部门ID	部门名称	部门编号	部门说明	是否删除	是否修改
1	Accounting department	010112	financial transactions	删除	修改

添加新部门

图 11-8　部门列表显示页面

11.5　查看部门详细信息模块的实现

要实现部门详细信息查看的功能,需完成几方面的工作,分别是实现部门详细信息控制器、部门详细信息显示页面和业务控制器的配置。在部门详细信息控制器中调用的是业务逻辑组件中的 queryDepartmentByID() 方法,通过该方法可以获取指定 id 的部门信息。

11.5.1　创建查看部门详细信息的控制器

新建业务控制器 ShowDepartmentAction,该控制器负责根据指定 id 取得部门信息,并将获取的信息存储在 request 范围中。ShowDepartmentAction.java 代码如下所示。

```java
package com.department.action;

import org.apache.struts2.ServletActionContext;
import com.department.vo.CaepHrDepartment;
import com.department.service.DepartmentrService;
import com.opensymphony.xwork2.ActionSupport;

public class ShowDepartmentAction extends ActionSupport {
    private int id;
    // 业务逻辑组件
    private DepartmentrService departmentService;
    // 设置业务逻辑组件
    public DepartmentrService getDepartmentService() {
        return departmentService;
    }
    public void setDepartmentService(DepartmentrService departmentService) {
        this.departmentService = departmentService;
    }
    public int getId() {
        return id;
    }
    public void setId(int id) {
        this.id = id;
    }
    // 处理用户请求的 execute 方法
```

```
public String execute() throws Exception {
    // 通过调用业务逻辑组件获得该 id 的部门信息
    CaepHrDepartment caepHrDepartment = departmentService.queryDepartmentByID(id);
    // 将所得部门信息存储在 request 范围中
    ServletActionContext.getRequest().setAttribute("caepHrDepartment",
                caepHrDepartment);
    return SUCCESS;
}
```

11.5.2 创建显示部门详细信息的页面

新建 showDepartment.jsp 页面,用来显示部门的详细信息,showDepartment.jsp 文件代码如下所示。

```
<%@page contentType="text/html;charset=gb2312"%>
<%@taglib prefix="s" uri="/struts-tags"%>
<html>
<head>
    <title>部门详细信息</title>
</head>
<body>
<center>
    <h2>部门详细信息</h2>
    <table border="1">
        <s:set name="caepHrDepartment" value="#request.caepHrDepartment"/>
        <tr>
            <td>部门 ID</td>
            <td><s:property value="#caepHrDepartment.id"/></td>
        </tr>
        <tr>
            <td>部门名称</td>
            <td><s:property value="#caepHrDepartment.name"/></td>
        </tr>
        <tr>
            <td>部门编号</td>
            <td><s:property value="#caepHrDepartment.num"/></td>
        </tr>
        <tr>
            <td>部门说明</td>
            <td><s:property value="#caepHrDepartment.description"/></td>
        </tr>
    </table>
    <a href="showAll.action">返回部门列表</a>
```

```
        </center>
        </body>
        </html>
```

11.5.3 显示部门详细信息控制器的配置

步骤一：在 Spring 配置文件中配置业务控制器 showDepartmentAction，并为其注入 Service 组件，在 applicationContext.xml 文件中增加的代码如下所示。

```
<!-- 创建 ShowDepartmentAction 实例 -->
<bean id="showDepartmentAction" class="com.department.action.ShowDepartmentAction"
    scope="prototype">
<property name="departmentService" ref="departmentService">
</property>
</bean>
```

步骤二：在 struts.xml 文件中配置业务控制器 showDepartmentAction，用来说明处理结果与视图资源之间的关系，代码如下。

```
<action name="showDepartment" class="showDepartmentAction">
    <!-- 定义处理结果与视图资源之间的关系 -->
    <result name="success">/showDepartment.jsp</result>
</action>
```

11.5.4 显示部门详细信息运行结果

在部门信息列表中单击 ID 链接，将跳转到该 ID 的部门详细信息显示页面，如图 11-9 所示。

图 11-9 部门详细信息显示页面

11.6 添加部门信息模块的实现

要实现添加部门信息的功能，要完成几方面的工作，分别是创建添加部门的页面、实现部门添加控制器的、在配置文件中对添加部门信息的控制器进行相应的配置。用户在页面中输入部门的详细信息,控制器负责接收输入的信息,并调用业务逻辑组件中的 addDepartment()方法来实现添加功能。

11.6.1 创建添加部门信息的页面

创建部门添加页面 addDepartment.jsp,该页面中的表单用来输入部门信息,addDepartment.jsp 代码如下所示。

```jsp
<%@page contentType="text/html;charset=gb2312"%>
<%@taglib prefix="s" uri="/struts-tags"%>
<html>
<head>
    <title>添加部门信息</title>
</head>
<body>
<center>
    <h2>添加部门信息</h2>
    <s:form action="addDepartment">
    <s:textfield label="部门ID" name="id"></s:textfield>
        <s:textfield label="部门名称" name="name"></s:textfield>
        <s:textfield label="部门编号" name="num"></s:textfield>
        <s:textfield label="部门说明" name="desciption"></s:textfield>
        <s:submit value="提交"></s:submit>
        <s:reset value="重置"></s:reset>
    </s:form>
</center>
</body>
</html>
```

11.6.2 创建添加部门信息的控制器

新建业务控制器 AddDepartmentAction,负责接收用户新添的部门信息,并通过业务逻辑组件保存部门信息。AddDepartmentAction.java 代码如下所示。

```java
package com.department.action;

import java.util.Date;

import com.department.vo.CaepHrDepartment;
import com.department.service.DepartmentrService;
import com.opensymphony.xwork2.ActionSupport;

public class AddDepartmentAction extends ActionSupport {
    //部门 id
    private Integer id;
```

```java
        //部门名称
        private String name;
        //部门说明
        private String description;
        //部门编号
        private String num;
        //业务逻辑组件
        private DepartmentrService departmentService;
        // 设置业务逻辑组件
        public DepartmentrService getDepartmentService() {
            return departmentService;
        }
        public void setDepartmentService(DepartmentrService departmentService) {
            this.departmentService = departmentService;
        }
        public Integer getId() {
            return id;
        }
        public void setId(Integer id) {
            this.id = id;
        }
        public String getName() {
            return name;
        }
        public void setName(String name) {
            this.name = name;
        }
        public String getDescription() {
            return description;
        }
        public void setDescription(String description) {
            this.description = description;
        }
        public String getNum() {
            return num;
        }
        public void setNum(String num) {
            this.num = num;
        }
        public String execute() throws Exception {
            //将接收的参数设置到CaepHrDepartment的实例中
            CaepHrDepartment caepHrDepartment = new CaepHrDepartment();
            caepHrDepartment.setId(id);
            caepHrDepartment.setName(name);
            caepHrDepartment.setNum(num);
            caepHrDepartment.setDescription(description);
            //调用业务逻辑组件保存该信息
            if(departmentService.addDepartment(caepHrDepartment)){
```

```
                    return SUCCESS;
            }else{
                    addActionError("添加部门信息失败!");
                    return ERROR;
            }
    }
}
```

11.6.3 配置添加部门信息的控制器

步骤一：在 Spring 配置文件中配置业务控制器 addDepartmentAction，并为其注入 Service 组件，在 applicationContext.xml 文件中添加的代码如下所示。

```
<!-- 创建 addDepartmentAction 实例 -->
    <bean id = "addDepartmentAction"
class = "com.department.action.AddDepartmentAction" scope = "prototype">
        <property name = "departmentService"
ref = "departmentService"></property>
    </bean>
```

步骤二：在 struts.xml 文件中配置业务控制器 addDepartmentAction，来说明处理结果与视图资源之间的关系，在 struts.xml 文件中添加如下代码。

```
<action name = "addDepartment" class = "addDepartmentAction">
<!-- 定义处理结果与视图资源之间的关系 -->
    <result name = "success" type = "redirect">/showAll.action</result>
    <result name = "error">/addDepartment.jsp</result>
</action>
```

11.6.4 添加部门信息运行结果

在部门信息列表中单击"添加新部门"链接，将跳转到添加部门信息页面，在页面中输入添加的部门信息，单击"提交"按钮，显示如图 11-10 所示的结果。

图 11-10 添加部门信息

11.7 修改部门信息模块的实现

要实现修改部门信息的功能,要完成几方面的工作,分别是创建修改部门信息的页面,在该页面初始化的时候,根据要修改的部门 id 显示该部门的信息;实现部门修改控制器,负责接收用户输入的信息,并调用业务逻辑组件中的 updateDepartment()方法来实现修改功能;在配置文件中对修改部门信息的控制器进行相应的配置。

11.7.1 创建修改部门信息的页面

创建部门信息修改页面 updateDepartment.jsp,该页面中的表单用来输入部门信息,updateDepartment.jsp 代码如下所示。

```jsp
<%@page contentType = "text/html;charset = gb2312" %>
<%@taglib prefix = "s" uri = "/struts-tags" %>
<html>
<head>
    <title>修改部门信息</title>
</head>
<body>
<center>
    <h2>修改部门信息</h2>
    <s:form action = "update">
        <s:set name = "id" value = "#parameters.id[0]"></s:set>
        <s:textfield label = "部门 ID" name = "id"></s:textfield>
        <s:textfield label = "部门名称" name = "name"></s:textfield>
        <s:textfield label = "部门编号" name = "num"></s:textfield>
        <s:textfield label = "部门说明" name = "description">
    </s:textfield>
        <s:submit value = "修改"></s:submit>
        <s:reset value = "重置"></s:reset>
    </s:form>
</center>
</body>
</html>
```

11.7.2 创建修改部门信息的控制器

新建业务控制器 UpdateDepartmentAction,负责接收用户提交的部门信息,并通过业务逻辑组件修改部门信息。UpdateDepartmentAction.java 代码如下所示。

```java
package com.department.action;
import java.util.Date;

import com.department.vo.CaepHrDepartment;
```

```java
import com.department.service.DepartmentrService;
import com.opensymphony.xwork2.ActionSupport;

public class UpdateDepartmentAction extends ActionSupport {
    // 部门 ID
    private Integer id;
    // 部门名称
    private String name;
    // 部门说明
    private String description;
    // 部门编号
    private String num;
    // 业务逻辑组件
    private DepartmentrService departmentService;

    // 设置业务逻辑组件
    public DepartmentrService getDepartmentService() {
        return departmentService;
    }
    public void setDepartmentService(DepartmentrService departmentService) {
        this.departmentService = departmentService;
    }
    public Integer getId() {
        return id;
    }
    public void setId(Integer id) {
        this.id = id;
    }
    public String getName() {
        return name;
    }
    public void setName(String name) {
        this.name = name;
    }
    public String getDescription() {
        return description;
    }
    public void setDescription(String description) {
        this.description = description;
    }
    public String getNum() {
        return num;
    }
    public void setNum(String num) {
        this.num = num;
    }
    public String execute() throws Exception {
        // 将接收的参数设置到 CaepHrDepartment 的实例中
        CaepHrDepartment caepHrDepartment = new CaepHrDepartment();
```

```
            caepHrDepartment.setId(id);
            caepHrDepartment.setName(name);
            caepHrDepartment.setNum(num);
            caepHrDepartment.setDescription(description);
            // 调用业务逻辑组件保存该用户
            if (departmentService.updateDepartment(caepHrDepartment)) {
                return SUCCESS;
            } else {
                addActionError("修改部门信息失败!");
                return ERROR;
            }
        }
    }
```

11.7.3 修改部门信息控制器的配置

步骤一：在 Spring 配置文件中配置业务控制器 updateDepartmentAction，并为其注入 Service 组件，在 applicationContext.xml 文件中添加的代码如下所示。

```xml
<!-- 创建 updateDepartmentAction 实例 -->
<bean id="updateDepartmentAction"
    class="com.department.action.UpdateDepartmentAction" scope="prototype">
    <property name="departmentService" ref="departmentService">
    </property>
</bean>
```

步骤二：在 struts.xml 文件中配置业务控制器 updateDepartmentAction，来说明处理结果与视图资源之间的关系，代码如下。

```xml
<action name="updateDepartment" class="updateDepartmentAction">
    <!-- 定义处理结果与视图资源之间的关系 -->
    <result name="success" type="redirect">/showAll.action</result>
    <result name="error">/updateDepartment.jsp</result>
</action>
```

11.7.4 修改部门信息运行结果

单击图 11-9 所示列表显示页面中的"修改"链接，打开修改页面，输入需要修改的内容，单击"保存"按钮即可。

11.8 部门信息删除模块的实现

要实现删除部门信息的功能，需要创建一个删除部门信息的控制器，在该控制器中接收用户 id，并通过调用业务逻辑组件中的 deleteDepartment()方法来实现删除功能，最后在配置文件中对删除部门信息的控制器进行相应的配置。

11.8.1 创建删除部门信息的控制器

新建业务控制器 DeleteDepartmentAction，负责接收用户提交的部门 id，并通过业务逻辑组件的 deleteDepartment()方法删除该 id 的部门信息，DeleteDepartmentAction.java 代码如下所示。

```java
package com.department.action;

import com.department.vo.CaepHrDepartment;
import com.department.service.DepartmentrService;
import com.opensymphony.xwork2.ActionSupport;

public class DeleteDepartmentAction extends ActionSupport {
    // 部门 id
    private Integer id;
    // 业务逻辑组件
    private DepartmentrService departmentService;
    // 设置业务逻辑组件
    public DepartmentrService getDepartmentService() {
        return departmentService;
    }
    public void setDepartmentService(DepartmentrService departmentService) {
        this.departmentService = departmentService;
    }
    public Integer getId() {
        return id;
    }
    public void setId(Integer id) {
        this.id = id;
    }
    public String execute() throws Exception {
        // 通过调用业务逻辑组件删除该 id 的部门信息
        if (departmentService.deleteDepartment(id)) {
            return SUCCESS;
        } else {
            return ERROR;
        }
    }
}
```

11.8.2 删除部门信息控制器的配置

步骤一：在 Spring 配置文件中配置业务控制器 DeleteDepartmentAction，并为其注入 Service 组件，在 applicationContext.xml 文件中添加如下代码。

```xml
<!-- 创建 deleteDepartmentAction 实例 -->
<bean id="deleteDepartmentAction"
```

```
            class = "com.department.action.DeleteDepartmentAction" scope = "prototype">
        < property name = "departmentService"
            ref = "departmentService"></property>
</bean>
```

步骤二：在 struts.xml 文件中配置业务控制器 DeleteDepartmentAction，来说明处理结果与视图资源之间的关系，代码如下。

```
< action name = "deleteDepartment" class = "deleteDepartmentAction">
<!-- 定义处理结果与视图资源之间的关系 -->
< result name = "success" type = "redirect">/showAll.action
</result>
</action>
```

11.8.3 删除部门信息的运行结果

单击图 11-8 所示列表显示页面中的"删除"链接，即可删除所选信息。

小结

本章介绍了如何通过对 Struts、Hibernate 和 Spring 进行整合来开发人事管理系统中的部门信息管理模块，使读者掌握采用基本的 SSH 技术进行 Web 项目开发的方法。

习题

操作题

某系统要求使用 Struts、Hibernate 技术和 Spring 框架完成一个产品查询功能，其中产品数据保存在 SQL Server 数据库 Northwind 库的 Products 表（SQL Server 系统提供的数据表）中。

查询和显示产品信息的 JSP 页面如图 11-11 所示。

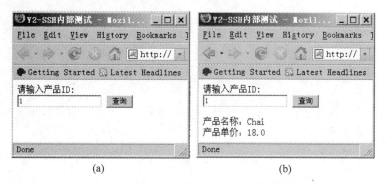

图 11-11 查询和显示产品信息的页面

要求：
(1) 项目名称使用自己姓名的拼音全称。
(2) 基于 Struts MVC 和分层设计系统结构。
(3) 使用 Struts 标签库完成查询和显示产品信息的 JSP 页面。
(4) 使用 Hibernate 和 DAO 实现产品信息的查询功能。
(5) 使用 Spring 整合 Struts 和 Hibernate。
(6) 系统分 3 层实现。

第 12 章

人事管理系统中证件信息管理模块的开发

本章将给出人事管理系统中证件信息管理模块的需求、概要设计说明、详细设计说明、Web 应用体系结构说明及信息管理模块的关键代码，本章的内容可作为最后实训环节的依据。通过本章的学习，可以达到以下目标：

➢ 了解 Web 应用体系结构；
➢ 掌握 SSH 整合开发技术。

12.1 项目简介

某环境规划院是环境保护部直属事业单位，主要承担全国环境保护中长期规划与年度计划、流域或区域环境保护规划、全国污染物排放总量控制计划及实施方案以及相关污染防治和生态保护专项规划的拟订工作，协助政府部门研究制定国家重大环境保护政策与管理措施，为地方政府和环保部门编制环境规划提供技术支持和服务，开展相关污染治理和生态保护项目的技术咨询。

本项目是环境规划院定制的内网办公系统，主要是环境规划院进行内部人员管理、信息共享、协同办公的集成工作平台；提供了以人员管理为核心，基于用户、角色、权限为用户分配权限的方案。本项目由人事管理系统、内网管理系统、我的办公桌、公文管理系统、权限管理系统和数字科研院系统 6 个子系统组成，各个子系统都是依据规划院内人员的需求进行开发的，能够帮助院内人员更加高效率地、准确地完成现有的工作，使环境规划院内部的各项业务流程操作更加规范和准确。

12.2 证件信息管理模块分析和设计

12.2.1 证件信息管理模块的需求

证件信息管理模块主要是对证件信息进行管理和维护，主要功能包括对证件信息进行添加、删除、修改、查询等基本的维护操作。具体功能描述如表 12-1 所示。

表 12-1　证件信息管理模块功能描述表

功能名称	证件信息管理	功能编号	F07	设计者	
功能需求提出者(单位、姓名)		环境保护部环境规划院		完成时间	2011-12-18
功能修改提出者(单位、姓名)		无		完成时间	无
功能修改批准者	无	功能修改者	无	修改次数	无
FDD 功能框图	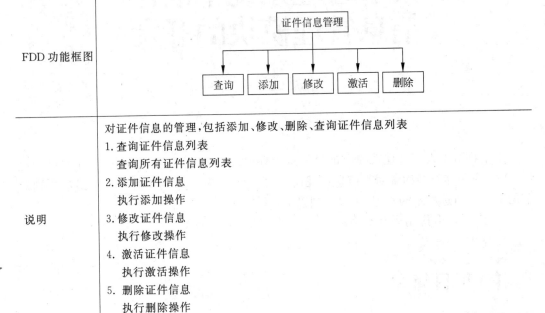				
说明	对证件信息的管理,包括添加、修改、删除、查询证件信息列表 1. 查询证件信息列表 　　查询所有证件信息列表 2. 添加证件信息 　　执行添加操作 3. 修改证件信息 　　执行修改操作 4. 激活证件信息 　　执行激活操作 5. 删除证件信息 　　执行删除操作				

12.2.2　证件信息管理模块的概要设计

1. 主要软件需求描述

(1) 添加证件信息

添加证件信息。输入证件信息,单击"保存"按钮,完成添加操作。

(2) 修改证件信息

修改已经存在的证件信息。修改证件信息,单击"保存"按钮,完成修改操作。

(3) 删除证件信息

进入证件信息列表页面,选择证件,单击"删除"按钮,删除选中的证件信息(逻辑删除)。

(4) 激活证件信息

进入证件信息列表页面,选择证件,单击"激活"按钮,激活选中的证件信息。

(5) 证件信息列表

默认显示所有证件信息的列表,可以根据证件名称、删除状态进行查询,是对证件信息进行其他维护操作的入口。

2. 数据库设计

证件信息管理模块涉及两张表,分别是证件信息表和员工证件表,其物理结构设计分别如下所示。

中文名:证件信息表。
功能:存储证件信息。
具体说明:详见表12-2。

表12-2 证件信息表

表 名		caep_hr_certificate_message		
列 名		数据类型(精度范围)	空/非空	约束条件
id	编号	int	N	P
name	名称	varchar(50)	Y	
remark	备注	varchar(50)	Y	
del_status	删除状态	int	Y	
补充说明				

中文名:员工证件表。
功能:存储员工证件信息。
具体说明:详见表12-3。

表12-3 员工证件表

表 名		caep_hr_certificate		
列 名		数据类型(精度范围)	空/非空	约束条件
id	编号	int	N	P
employee_id	员工id	int	Y	f
certificate_id	证件id	int	Y	f
effect_start_time	证件开始时间	datetime	Y	
effect_end_time	证件结束时间	datetime	Y	
补充说明				

12.2.3 证件信息管理模块的详细设计

1. 证件信息管理模块的描述(表12-4)

表12-4 证件信息管理模块的描述

系统名称	环境保护部环境规划院人事管理系统			
模块名称	证件信息管理	模块编号		F07
功能描述	对证件信息进行维护操作,主要包括添加证件信息、修改证件信息、删除证件信息、显示证件信息列表			
作者	贾佳	编写时间	2009-12	修改人	无

修改时间	无	修改批准人	无	修改次数	无
性能要求	对精度、灵活性、容错性、时间特性等的需求				
限制条件	只有具有该模块操作权限的用户才能对该模块进行操作				
功能框图	管理员与添加、修改、删除、激活、培训信息列表的用例图				
算法逻辑	无				
相关对象及接口	在登录本系统时,调用本程序,根据登录用户的信息,判断该用户所具有的权限,该用户信息在该用户的活动周期内一直存在				
备注	注明需求分析、概要设计或其他参考资料或本程序的存储结构,根据需要而定				

2. 证件信息管理模块功能描述

（1）添加证件信息（表 12-5）

表 12-5 添加证件信息功能描述

系统名称	环境保护部环境规划院人事管理系统			
模块名称	证件信息管理	模块编号	F07	
功能名称	添加证件信息	功能编号	F0701	
功能描述	管理员可以进行添加证件信息操作,输入证件信息,单击"保存"按钮,完成添加证件信息的操作			
作者	贾佳	编写时间	2009-12	修改人	无
修改时间	无	修改批准人	无	修改次数	无
性能要求	对精度、灵活性、容错性、时间特性等的需求			
限制条件	只有具有该模块操作权限的用户才能对该操作			
输入	(1) 在证件信息列表页面,单击"添加"按钮,进入添加证件信息页面,添加证件名称、备注 (2) 所有输入项的输入介质用键盘或鼠标			

		续表
输出	新添加一个证件信息,返回证件信息列表页面	
算法逻辑	(1)进入证件信息列表页面,单击"添加"按钮 (2)单击"保存"按钮,在数据库中插入一条记录	
流程逻辑	管理员 → 添加控制器 → 业务逻辑 → 数据访问 1.添加 → 2.添加 → 3.添加 4.返回 ← 5.返回 ← 6.返回	
接口与属性	页面: /caep_hr/caephrCertificateMessage/caephrCertificateMessageAdd.jsp Spring Controller: /caep_hr/caephrCertificateMessage/caephrCertificateMessageAdd.do 类名称: com.ecoinfo.caephr.controller.caephrCertificateMessage.CaephrCertificateMessageAddController Form类: com.ecoinfo.caephr.form.caephrCertificateMessage.CaephrCertificateMessageForm 业务处理接口: com.ecoinfo.caephr.service.CaephrCertificateMessageService 业务实现类: com.ecoinfo.caephr.manager.CaephrCertificateMessageManager 数据访问接口: com.ecoinfo.caephr.dao.CaephrCertificateMessageDao 数据访问实现类: com.ecoinfo.caephr.hibernate.CaephrCertificateMessageHibernate	
备注	无	

(2)修改证件信息(表 12-6)

表 12-6 修改证件信息功能描述

系统名称	环境保护部环境规划院人事管理系统		
模块名称	证件信息管理	模块编号	F07
功能名称	修改证件信息	功能编号	F0702
功能描述	管理员可以进行修改证件信息的操作,修改证件信息,单击"保存"按钮,完成修改证件信息的操作		

续表

作者	贾佳	编写时间	2009-12	修改人	无
修改时间	无	修改批准人	无	修改次数	无
性能要求	对精度、灵活性、容错性、时间特性等的需求					
限制条件	只有具有该模块操作权限的用户才能进行该操作					
输入	(1) 在证件信息列表页面，单击"修改"按钮，进入修改证件信息页面，可以修改证件名称和备注 (2) 用键盘或鼠标完成输入					
输出	修改证件信息，返回证件信息列表页面					
算法逻辑	(1) 进入证件列表页面，单击"修改"按钮 (2) 单击"保存"按钮，在数据库中插入一条记录					
流程逻辑						
接口与属性	页面： /caep_hr/caephrCertificateMessage/caephrCertificateMessageEdit.jsp Spring Controller： /caep_hr/caephrCertificateMessage/caephrCertificateMessageEdit.do 类名称： com.ecoinfo.caephr.controller.caephrCertificateMessage.CaephrCertificateMessageEditController Form 类： com.ecoinfo.caephr.form.caephrCertificateMessage.CaephrCertificateMessageForm 业务处理接口： com.ecoinfo.caephr.service.CaephrCertificateMessageService 业务实现类： com.ecoinfo.caephr.manager.CaephrCertificateMessageManager 数据访问接口： com.ecoinfo.caephr.dao.CaephrCertificateMessageDao 数据访问实现类： com.ecoinfo.caephr.hibernate.CaephrCertificateMessageHibernate					
备注	无					

（3）删除证件信息（表 12-7）

表 12-7 删除证件信息功能描述

系统名称	环境保护部环境规划院人事管理系统			
模块名称	证件信息管理	模块编号	F07	
功能名称	删除证件信息	功能编号	F0703	
功能描述	管理员可以对所有的证件信息进行删除操作，选中单条或多条证件信息，单击"删除"按钮，完成删除操作			
作者	贾佳	编写时间	2009-12	修改人	无
修改时间	无	修改批准人	无	修改次数	无
性能要求	对精度、灵活性、容错性、时间特性等的需求			
限制条件	只有具有该模块操作权限的用户才能进行该操作。只有选中要删除的证件信息，才能进行删除操作			
输入	在证件信息列表页面选中证件信息			
输出	删除选中的证件信息，刷新证件信息列表页面			
算法逻辑	（1）进入证件信息列表页面，选中删除的信息，单击"删除"按钮 （2）更新数据库中的记录			
流程逻辑	（序列图：管理员 → 删除控制器 → 业务逻辑 → 数据访问；1.删除，2.删除，3.删除，4.返回，5.返回，6.返回）			
接口与属性	页面： /caep_hr/caephrCertificateMessage/caephrCertificateMessageList.jsp Spring Controller： /caep_hr/caephrCertificateMessage/caephrCertificateMessageRemove.do 类名称： com.ecoinfo.caephr.controller.caephrCertificateMessage.CaephrCertificateMessageRemoveController Form 类： com.ecoinfo.caephr.form.caephrCertificateMessage.CaephrCertificateMessageForm 业务处理接口： com.ecoinfo.caephr.service.CaephrCertificateMessageService 业务实现类： com.ecoinfo.caephr.manager.CaephrCertificateMessageManager 数据访问接口： com.ecoinfo.caephr.dao.CaephrCertificateMessageDao 数据访问实现类： com.ecoinfo.caephr.hibernate.CaephrCertificateMessageHibernate			
备注	无			

(4) 激活证件信息(表 12-8)

表 12-8 激活证件信息功能描述

系统名称	环境保护部环境规划院人事管理系统			
模块名称	证件信息管理	模块编号	F07	
功能名称	激活证件信息	功能编号	F0704	
功能描述	管理员可以对所有的证件信息进行激活操作,选中单条或多条证件信息,单击"激活"按钮,完成激活操作			
作者	贾佳	编写时间	2009-12	修改人	无
修改时间	无	修改批准人	无	修改次数	无
性能要求	对精度、灵活性、容错性、时间特性等的需求			
限制条件	只有具有该模块操作权限的用户才能进行该操作			
输入	在证件信息列表页面选中证件信息			
输出	激活选中的证件信息,刷新证件信息列表页面			
算法逻辑	无			
流程逻辑	管理员→删除控制器→业务逻辑→数据访问：1.激活 2.激活 3.激活 4.返回 5.返回 6.返回			
接口与属性	页面： /caep_hr/caephrCertificateMessage/caephrCertificateMessageList.jsp Spring Controller： /caep_hr/caephrCertificateMessage/caephrCertificateMessageRemove.do 类名称： com.ecoinfo.caephr.controller.caephrCertificateMessage.CaephrCertificateMessageRemoveController Form 类： com.ecoinfo.caephr.form.caephrCertificateMessage.CaephrCertificateMessageForm 业务处理接口： com.ecoinfo.caephr.service.CaephrCertificateMessageService 业务实现类： com.ecoinfo.caephr.manager.CaephrCertificateMessageManager 数据访问接口： com.ecoinfo.caephr.dao.CaephrCertificateMessageDao 数据访问实现类： com.ecoinfo.caephr.hibernate.CaephrCertificateMessageHibernate			
备注	无			

(5)证件信息列表(表12-9)

表12-9 证件信息列表功能描述

系统名称	环境保护部环境规划院人事管理系统			
模块名称	证件信息管理	模块编号	F07	
功能名称	证件信息列表	功能编号	F0705	
功能描述	默认显示所有证件信息的列表,可以根据证件名称、删除状态进行查询。是对证件信息进行其他维护操作的入口			
作者	贾佳	编写时间	2009-12	修改人	无
修改时间	无	修改批准人	无	修改次数	无
性能要求	对精度、灵活性、容错性、时间特性等的需求			
限制条件	只有具有该模块操作权限的用户才能进行该操作			
输入	(1)在证件信息列表页面输入证件名称 (2)用键盘或鼠标完成输入			
输出	根据查询条件,返回相应证件信息列表			
算法逻辑	无			
流程逻辑	管理员 / 证件信息列表控制器 / 业务逻辑 / 数据访问 1.证件信息列表 2.证件信息列表 3.证件信息列表 4.返回列表 5.返回列表 6.返回列表			
接口与属性	页面: /caep_hr/caephrCertificateMessage/caephrCertificateMessageList.jsp Spring Controller: /caep_hr/caephrCertificateMessage/caephrCertificateMessageList.do 类名称: com.ecoinfo.caephr.controller.caephrCertificateMessage.CaephrCertificateMessageListController Form类: com.ecoinfo.caephr.form.caephrCertificateMessage.CaephrCertificateMessageForm 业务处理接口: com.ecoinfo.caephr.service.CaephrCertificateMessageService 业务实现类: com.ecoinfo.caephr.manager.CaephrCertificateMessageManager 数据访问接口: com.ecoinfo.caephr.dao.CaephrCertificateMessageDao 数据访问实现类: com.ecoinfo.caephr.hibernate.CaephrCertificateMessageHibernate			
备注	无			

12.3 Web 应用体系结构

J2EE 架构划分为 4 个层次：表示层（UI Layer）、业务层（Business Layer）、持久层（Persistence Layer）和域模型层（Domain Model Layer）。表示层采用 Struts 框架实现，业务层采用 Spring 框架实现，持久层采用 Hibernate 框架实现，域模型层采用简单的 bean 对象实现。在表示层中包含 Struts 的多个 JSP 页面和事件响应文件，例如数据记录的分页显示及记录的查询、删除、更新和链接等功能；在业务层中包含多个服务程序及相对应的接口文件；在持久层中包含 DAO 文件及对应的接口文件；在域模型层中包含 bean 文件及 XML 映射文件实现。

12.3.1 表示层

表示层主要用于处理客户端请求、验证客户数据、生成响应视图等。Struts 是功能强大的 Web MVC 框架，具有完善的 Web 显示标签、用户请求处理、异常处理及数据验证功能，是目前表示层的首选框架。表示层的主要功能如下。

(1) 管理用户的请求，做出相应的响应。
(2) 提供一个控制器（Controller），委派业务逻辑调用和其他上层处理。
(3) 进行异常处理并把异常处理信息转发到客户端。
(4) 为显示提供一个标准模型。
(5) 进行 UI 验证。

12.3.2 持久层

持久层的作用是将数据持久保留下来以及把持久保存的数据读取出来。对于数据库应用系统，持久层的功能是实现程序与数据库之间的数据存储及获取。Hibernate 是很优秀的 ORM 开源框架，可以通过乘法的对象操作方式来实现数据读取及存储。持久层的主要功能如下。

(1) 通过面向对象查询语言（HQL）完成数据查询。
(2) 实现数据的存储、更新和删除。
(3) 进行数据驱动及数据库连接池的配置。

12.3.3 业务层

业务层处于表示层与持久层之间，负责应用系统的业务处理。Spring 提供了管理业务对象的一致方法，并且提倡对接口编程而不是对类编程。Spring 的架构基础是基于使用 JavaBean 属性的 IoC 容器，以及提供了事务管理、AOP 框架等强大业务管理功能，非常适合使用于业务层的实现。业务层的主要功能如下。

(1) 处理应用程序的业务逻辑和业务校验。
(2) 进行事务处理。
(3) 提供与其他层相互作用的接口。

(4) 管理业务层级别的对象依赖(注入)。
(5) 实现松耦合编程,在表示层和持久层之间增加了一个灵活的机制。
(6) 通过揭示从表示层到业务层的上下文来得到业务服务。

12.3.4 域模型层

在多层程序设计中,应尽可能地降低各层之间的耦合度,所以一般不采用各层间相互调用或直接进行数据操作的方式,而是通过域对象实现数据的传递增。实现非对象数据到对象数据的映射,以便在程序中以对象的方式对数据进行操作。域模型层的主要功能如下。

(1) 在各层中保存数据。
(2) 实现各层之间的数据传递。
(3) 实现非对象数据(例如关系型数据)与对象数据之间的映射。

12.4 开发人事管理系统中的证件信息管理模块

下面给出证件信息管理模块的关键代码,以此说明各层的配置。

12.4.1 域模型层的配置

证件信息管理模块中的 CaepHrCertificateMessage.java 文件代码如下所示。

```java
package com.ecoinfo.caephr.vo;
import java.util.HashSet;
import java.util.Set;
/**
 * CaepHrCertificateMessage entity.
 *
 * @author MyEclipse Persistence Tools
 */
public class CaepHrCertificateMessage extends com.ecoinfo.caephr.vo.BaseVo
    implements java.io.Serializable {
    // Fields
    private String name;              //证件名称
    private String remark;            //证件备注
    private Integer delStatus;        //删除状态:1 未删除,2 已删除
    private Set caepHrCertificates = new HashSet(0);
    // Constructors
    /** default constructor */
    public CaepHrCertificateMessage() {
    }
    /** full constructor */
    public CaepHrCertificateMessage(String name, String remark,
        Integer delStatus, Set caepHrCertificates) {
```

```java
            this.name = name;
            this.remark = remark;
            this.delStatus = delStatus;
            this.caepHrCertificates = caepHrCertificates;
        }
        // Property accessors
        public String getName() {
            return this.name;
        }
        public void setName(String name) {
            this.name = name;
        }
        public String getRemark() {
            return this.remark;
        }
        public void setRemark(String remark) {
            this.remark = remark;
        }
        public Integer getDelStatus() {
            return this.delStatus;
        }
        public void setDelStatus(Integer delStatus) {
            this.delStatus = delStatus;
        }
        public Set getCaepHrCertificates() {
            return this.caepHrCertificates;
        }
        public void setCaepHrCertificates(Set caepHrCertificates) {
            this.caepHrCertificates = caepHrCertificates;
        }
    }
```

CaephrCertificateMessageForm.java 文件代码如下所示。

```java
package com.ecoinfo.caephr.form.caephrCertificateMessage;

import java.util.HashSet;
import java.util.Set;

public class CaephrCertificateMessageForm {
    private String name;              //证件名称
    private String remark;            //证件备注
    private Integer delStatus;        //删除状态:1 未删除,2 已删除
    private Set caepHrCertificates = new HashSet(0);
    public String getName() {
        return name;
    }
```

```java
    public void setName(String name) {
        this.name = name;
    }
    public String getRemark() {
        return remark;
    }
    public void setRemark(String remark) {
        this.remark = remark;
    }
    public Integer getDelStatus() {
        return delStatus;
    }
    public void setDelStatus(Integer delStatus) {
        this.delStatus = delStatus;
    }
    public Set getCaepHrCertificates() {
        return caepHrCertificates;
    }
    public void setCaepHrCertificates(Set caepHrCertificates) {
        this.caepHrCertificates = caepHrCertificates;
    }
}
```

12.4.2 持久层的配置

CaepHrCertificateMessage.hbm.xml 文件代码如下所示。

```xml
<?xml version="1.0" encoding="UTF-8"?>
<!DOCTYPE hibernate-mapping PUBLIC "-//Hibernate/Hibernate Mapping DTD 3.0//EN"
"http://hibernate.sourceforge.net/hibernate-mapping-3.0.dtd">
<hibernate-mapping>
<class name="com.ecoinfo.caephr.vo.CaepHrCertificateMessage"
            table="caep_hr_certificate_message">
    <id name="id" type="long">
        <column name="id" />
        <generator class="identity" />
    </id>
    <property name="name" type="java.lang.String">
        <column name="name" length="500" />
    </property>
    <property name="remark" type="java.lang.String">
        <column name="remark" length="500" />
    </property>
    <property name="delStatus" type="java.lang.Integer">
        <column name="del_status" />
    </property>
```

```xml
    <set name="caepHrCertificates" inverse="true">
        <key>
            <column name="certificate_id" />
        </key>
        <one-to-many class="com.ecoinfo.caephr.vo.CaepHrCertificate" />
    </set>
</class>
</hibernate-mapping>
```

CaephrCertificateMessageDao.java 文件代码如下所示。

```java
package com.ecoinfo.caephr.dao;

import java.util.List;

import com.ecoinfo.caephr.form.caephrCertificateMessage.CaephrCertificateMessageForm;
import com.ecoinfo.caephr.vo.CaepHrCertificateMessage;
import com.ngworld.commons.page.PageInfo;
import com.ngworld.commons.page.PageWraper;

public interface CaephrCertificateMessageDao extends BaseDao {
    public PageWraper getAllCeaphrCeritficateMessage(PageInfo pageInfo,
            CaephrCertificateMessageForm form) throws Exception;

    public PageWraper getAllExitCeaphrCeritficateMessage(PageInfo pageInfo,
            CaephrCertificateMessageForm form) throws Exception;
    public CaepHrCertificateMessage getCaepHrCertificateMessageById(long id)
            throws Exception;
    getCaepHrCertificateMessageByName(String name);

    public List findAllExitCaephrCertificateMessage();
}
```

12.4.3 业务层的开发和配置

CaephrCertificateMessageService.java 文件代码如下所示。

```java
package com.ecoinfo.caephr.service;

import java.util.List;

import com.ecoinfo.caephr.form.caephrCertificateMessage.CaephrCertificateMessageForm;
import com.ecoinfo.caephr.vo.CaepHrCertificateMessage;
import com.ngworld.commons.page.PageInfo;
```

```java
import com.ngworld.commons.page.PageWraper;

public interface CaephrCertificateMessageService {
    public PageWraper getExitsCaepHrCertificateMessage(PageInfo pageInfo,
            CaephrCertificateMessageForm form) throws Exception;
    /**
     * 证件信息列表
     *
     * @return
     */
    public PageWraper getCaepHrCertificateMessage(PageInfo pageInfo,
                    CaephrCertificateMessageForm form) throws Exception;
    /**
     * 修改证件信息
     */
    public void updateObject(CaepHrCertificateMessage vo) throws Exception;
    /**
     * 保存证件信息
     */
    public void saveObject(CaepHrCertificateMessage vo) throws Exception;
    public CaepHrCertificateMessage getCaepHrCertificateMessageById(long id)
                    throws Exception;
    /**
     * 删除证件信息(逻辑删除)
     */
    public void delCaepHrCertificateMessage(CaepHrCertificateMessage vo)
                    throws Exception;
    /**
     * 根据员工id删除
     *
     * @param vo
     * @throws Exception
     */
    public void deleteMessage(CaepHrCertificateMessage vo) throws Exception;
    /**
     * 根据姓名查询证件信息
     *
     * @param name
     * @return
     */
    public CaepHrCertificateMessage getCaepHrCertificateMessageByName(
                    String name);
    /**
     * 判断证件是否存在
     * @param name
     * @return
     */
    public boolean isExistCaepCertificateName(String name);
```

```
    /**
     * 查询所有有效证件
     * @return
     */
    public List findAllExistCaepCertificate();
}
```

applicationContext-dao.xml 中的相关配置。

```xml
<!--证件信息-->
<bean id = "caephrCertificateMessageDao" class = "com.ecoinfo.caephr.hibernate.
        CaephrCertificateMessageHibernate"
        parent = "commonDao" />
<bean id = "caephrAbsentMessageDao" class = "com.ecoinfo.caephr.hibernate.
CaephrAbsentMessageHibernate">
        <property name = "sessionFactory">
                <ref bean = "sessionFactory" />
        </property>
        <property name = "jdbcTemplate">
                <ref bean = "jdbcTemplate"/>
        </property>
</bean>
```

applicationContext-service.xml 中的相关配置:

```xml
<bean id = "caephrCertificateMessageTarget"
        class = "com.ecoinfo.caephr.manager.CaephrCertificateMessageManager">
        <property name = "caephrCertificateMessageDao">
        <ref bean = "caephrCertificateMessageDao" />
        </property>
</bean>
<bean id = "caephrCertificateMessageService" parent = "txProxyTemplate">
        <property name = "target">
                <ref bean = "caephrCertificateMessageTarget" />
        </property>
</bean>
```

12.4.4 表示层的实现

在 caephr-servlet.xml 文件的 urlMapping 标签中输入如下代码。

```xml
<!--证件信息管理-->
<prop key = "/caephrCertificateMessage/caephrCertificateMessageList.do>
        caephrCertificateMessageListController
</prop>
<prop key = "/caephrCertificateMessage/caephrCertificateMessageAdd.do">
        caephrCertificateMessageAddController
</prop>
```

```xml
<prop key="/caephrCertificateMessage/caephrCertificateMessageEdit.do">
        caephrCertificateMessageEditController
</prop>
<prop key="/caephrCertificateMessage/caephrCertificateMessageRemove.do">
        caephrCertificateMessageRemoveController
</prop>

<prop key="/caephrCertificateMessage/caephrCertificateMessageSelectList.do">
        caephrCertificateMessageSelectListController
</prop>
<!-- 其他证件配置信息 -->
<bean id="caephrCertificateMessageListController"
        class="com.ecoinfo.caephr.controller.caephrCertificateMessage
        CaephrCertificateMessageListController">
            <property name="caephrCertificateMessageService">
            <ref bean="caephrCertificateMessageService"/>
            </property>
            <property name="commandClass">
                <value>
                    com.ecoinfo.caephr.form.caephrCertificateMessage.
                    CaephrCertificateMessageForm
                </value>
            </property>
</bean>
<bean id="caephrCertificateMessageAddController"
        class="com.ecoinfo.caephr.controller.caephrCertificateMessage
            .CaephrCertificateMessageAddController">

            <property name="caephrCertificateMessageService">
                <ref bean="caephrCertificateMessageService"/>
            </property>
            <property name="commandClass">
                <value>
                    com.ecoinfo.caephr.form.caephrCertificateMessage
                    .CaephrCertificateMessageForm
                </value>
            </property>
</bean>
<bean id="caephrCertificateMessageSelectListController"
            class="com.ecoinfo.caephr.controller.caephrCertificateMessage.
                CaephrCertificateMessageSelectListController">
        <property name="caephrCertificateMessageService">
            <ref bean="caephrCertificateMessageService"/>
        </property>
        <property name="commandClass">
```

```xml
                <value>
                    com.ecoinfo.caephr.form.caephrCertificateMessage.
                    CaephrCertificateMessageForm
                </value>
        </property>
</bean>
<bean id="caephrCertificateMessageEditController"
        class="com.ecoinfo.caephr.controller.caephrCertificateMessage.
            CaephrCertificateMessageEditController">
        <property name="caephrCertificateMessageService">
            <ref bean="caephrCertificateMessageService" />
        </property>
        <property name="commandClass">
            <value>
                com.ecoinfo.caephr.form.caephrCertificateMessage.
                CaephrCertificateMessageForm
            </value>
        </property>
        <property name="formView">
                <value>caephrCertificateMessageEdit.jsp</value>
        </property>
</bean>
<bean id="caephrCertificateMessageRemoveController"
        class=" com.ecoinfo.caephr.controller.caephrCertificateMessage.
CaephrCertificateMessageRemoveController">
        <property name="caephrCertificateMessageService">
            <ref bean="caephrCertificateMessageService" />
        </property>
</bean>
```

小结

本章简要介绍了人事管理系统的开发背景、证件信息管理模块的详细需求，以及 Web 应用体系结构的概念和所用的技术。最后给出人事管理系统中的证件信息管理模块的关键代码，说明了该模块的 Web 应用体系结构。

习题

操作题

创建一张表 company，包含字段 id、name、work_type、create_date。用 Struts＋Hibernate＋Spring 实现对 company 表的增、删、改和查询功能，查询出来的结果要实现翻页功能。公司信息管理界面的版式如图 12-1 所示。

公司信息管理					
公司ID	公司名称	主营业务	创建时间	修改	删除
Hd001	华迪	IT培训	2000-08-08	修改	删除
Hd002	IBM	硬件，软件	1888-05-05	修改	删除
Hd003	东软	软件开发	1998-04-04	修改	删除
新增	首页	上一页	下一页	末页	

图 12-1　公司信息管理界面

说明：
（1）完成图 12-1 所示的界面效果。
（2）完成最基本的增加、修改、删除功能。
（3）完成分页功能。
（4）完成导入功能。

编程要求：
（1）功能的实现要有良好的条理与逻辑性。
（2）代码书写规范，结构清晰。
（3）充分运用面向对象的编程思想。

技术要求：
（1）开发工具：MyEclipse。
（2）数据库：Oracle。
（3）技术点：JSP、JavaBean、HTML、JavaScript、Struts、Hibernate、Spring。

参 考 文 献

[1] 蒲子明. Struts 2＋Hibernate＋Spring 整合开发技术详解. 北京：清华大学出版社，2011
[2] 卡炬. 21 天学通 Java Web 开发. 北京：电子工业出版社，2011
[3] 朱晓. Java Web 开发学习手册. 北京：电子工业出版社，2011
[4] 李芝兴，杨瑞龙. JavaEE Web 编程. 北京：机械工业出版社，2010
[5] 王国辉. Java Web 开发实战宝典. 北京：清华大学出版社，2010
[6] 李兴华. Java 开发实战经典. 北京：清华大学出版社，2009
[7] (美)沃尔斯. Spring in Action. 北京：清华大学出版社，2008